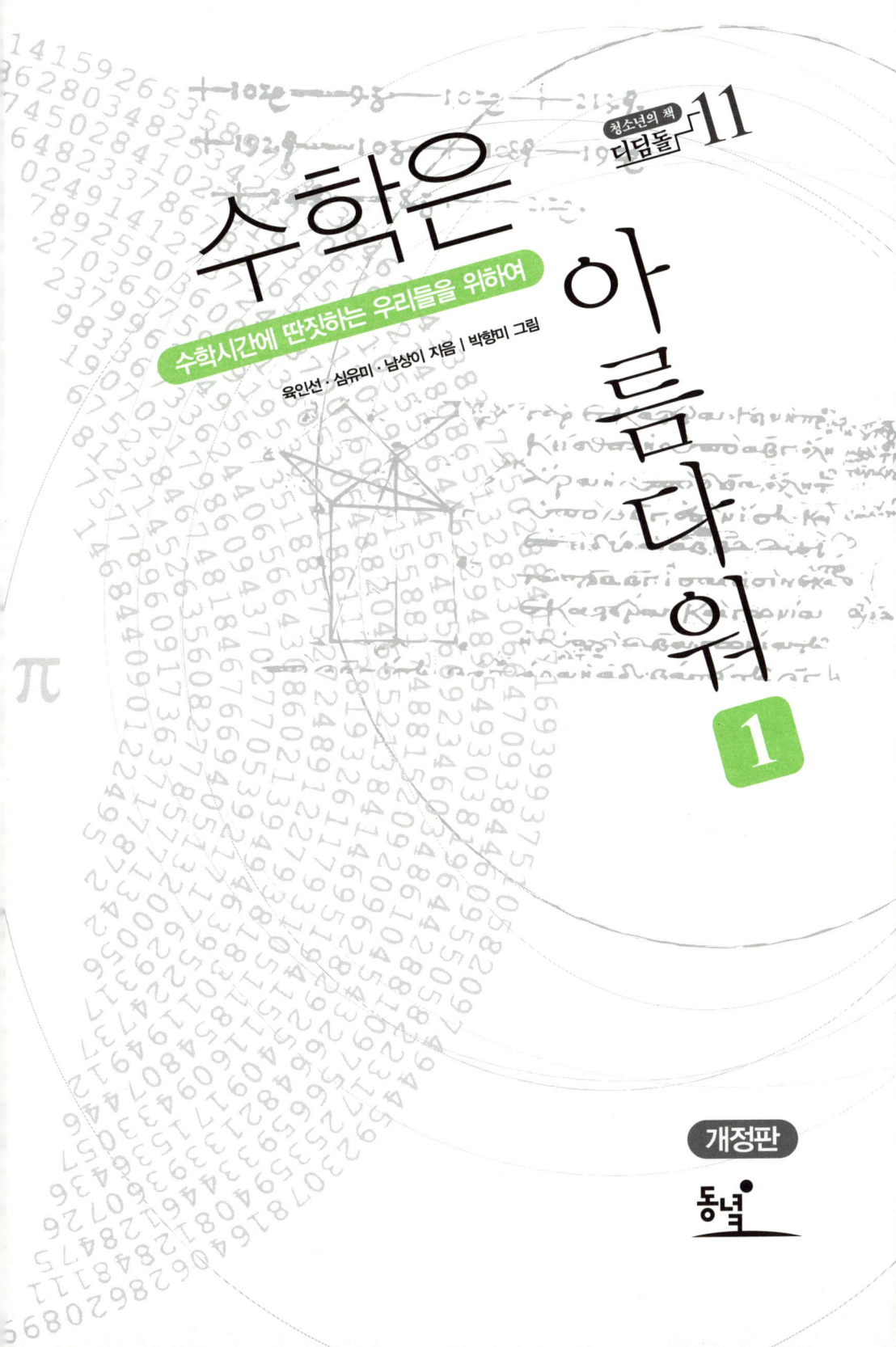

청소년의 책
디딤돌 11

수학은 아름다워

수학시간에 딴짓하는 우리들을 위하여

육인선·심유미·남상이 지음 | 박향미 그림

1

개정판

동녘

"수학을 배워서 어디에 쓰나요?" 하는 아이들의 질문은 수학을 가르치는 선생님들을 난감하게 한다. 어찌 보면 아이들이 이런 의문을 품는 것은 당연한 일이다. 특별히 수학적 지식을 활용하는 직업을 가지지 않는다면 아주 기초적인 사칙연산 정도만 할 수 있어도 큰 불편 없이 살아갈 수 있기 때문이다. 그러나 이는 수학을 잘 모르기 때문에 하는 생각이다. 수학 교육의 목적은 일상 생활에 필요한 것을 가르치는 데 국한되어 있지 않다. 수학 교육의 목적은 훨씬 더 방대하다.

수학은 문명이 태동한 이래, 인류 문화로 발전되어 왔기 때문에 수학의 역사는 곧 인류의 사고가 발달해 온 역사나 마찬가지다. 인류는 논리적이고 수학적인 사고를 통해 문명을 발달시켰고 미래를 개척해 온 것이다.

우리들 개인의 일상 생활에서도 수학은 논리적이고 경제적인 사고 능력을 키워주어 갖가지 문제들을 해결하는 데 결정적인 도움을 주기도 한다. 물론 학생들 대부분은 수학이 필요하다는 사실에 공감하지 못한다. 그건 당연한 일이다. 아이들이 교실에서 배우는 것은 이해하고 현실에 적용하는 수학이 아니라 단지 외우는 수학이니까. 현재의 수학 교과 과정은 너무 어려운 내용을 강제로

주입하는 식으로 짜여져 있다. 문제를 푸는 과정에서 다양하고 논리적인 생각을 유도하기보다는 푸는 요령을 외워서 적용하기만 하면 된다. 덕분에(?) 아이들은 수학을 통해 논리적인 사고력을 키우기보다는 수학을 지겨워하고 멀리한다. 학년이 올라갈수록 수학을 포기하는 아이들은 늘어나고, 수업 시간에 아무런 흥미도 없이 초점 없는 눈을 뜨고 있거나 아예 엎드려 자는 아이들도 있다. 이러한 현실은 교사인 우리의 가슴을 아프게 한다.

우리가 느꼈던 수학의 아름다움과 필요성을 아이들에게도 느끼게 하고 싶었다. 갖가지 공식들 하나하나가 어쩔 수 없이 외워야 하는 지겨운 것이 아니라, 이러이러한 과정을 거쳐서 이런 결과로 탄생된 흥미로운 것임을 알게 해주고 싶었다. 우리와 비슷한 생각을 가진 사람들과 함께 고민하면서 흥미 있는 수학 교육에 관한 소박한 연구를 하기 시작했고, 그 과정에서 얻어진 자료들을 모아한 권의 책으로 펴냈던 것이 벌써 12년 전의 일이다. 당시로서는 여러 가지 우려가 많았으나 많은 선생님과 학생들이 이 책을 애독해 주고, 다양한 곳에서 권장도서로 추천해 주니 그저 고마울 따름이다. 그리고 이 책의 뒤를 이어 많은 선생님들이 수학을 흥미 있게 가르치는 문제를 연구하고, 또 이것을 교실에서 실천해 본 결과물들을 책으로 내고 있으니, 다같이 기뻐해야 할 일이다.

특히 이 책은 구성면에서 장점을 지닌다. 우선 수학 교과서 순서에 맞추어 숫자, 대수(문자와 방정식), 기하(도형), 대수와 기하를 합한 해석기하의 네 부분으로 구성했고, 각 부분들을 따로 볼 수 있게 함으로써 학교에서 배우는 것에 맞춰 필요한 부분만 먼저 찾아 읽어도 되게 하였다. 또 전체적으로 보면 수학의 한 흐름을 알 수 있다.

보잘것없는 원고를 책으로 펴내주었는데다가 개정판까지 내게 해준 도서출판 동녘에 감사 드리며, 처음부터 끝까지 도움을 아끼지 않은 김민정 양과 그 외 여러 친구들에게도 감사의 뜻을 전한다. 수학이 본래의 기능을 다할 수 있기를 바라는 소박한 마음으로 시작한 일이 학생들에게도 보탬이 된다면 더 바랄 것이 없겠다.

수학을 사랑하는 많은 사람들의 조언을 기다리며……

2002년 8월
지은이들

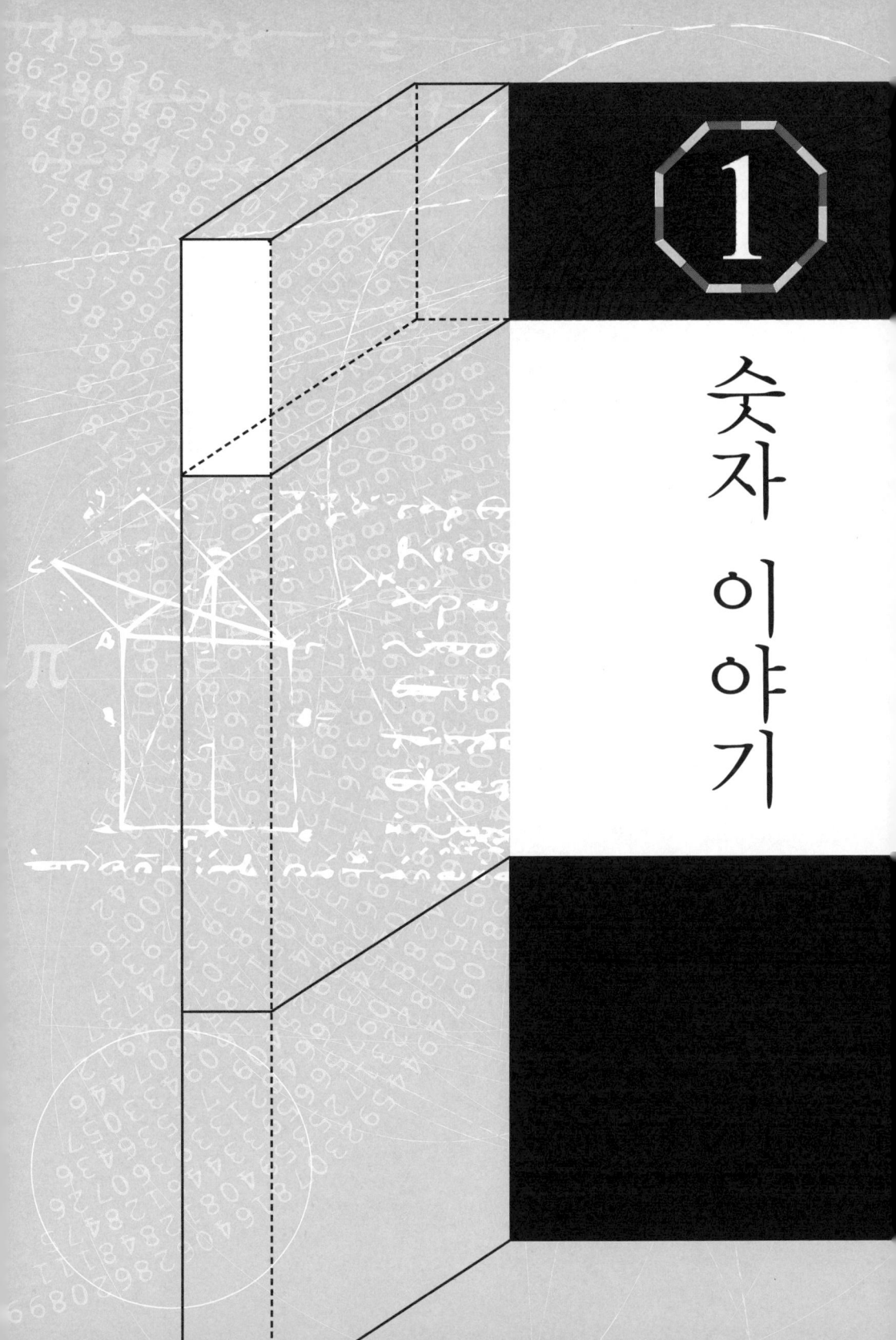

1

숫자 이야기

1 어떻게 세기 시작했을까?

1) 동물들은 수를 셀 수 있을까?

엄마 돼지와 새끼 돼지 아홉 마리, 이렇게 모두 열 마리의 돼지가 소풍을 갔다. 중간에 엄마 돼지가 인원을 확인하는데 아무리 세어도 아홉 마리밖에 없는 것이다. 한 마리가 길을 잃었나? 그게 아니었다. 엄마 돼지가 자신을 빠뜨리고 수를 셌기 때문이다. 아마 열까지 셀 수 있는 천재 돼지는 없을 테니까 이 이야기

히잉~ 왜 한마리가 없을까?

에서 돼지는 물론 사람을 비유한 것이다. 이처럼 '돼지 숫자 센다'는 말은 수를 잘 헤아리지 못하는 경우를 비웃는 말이다.

그렇다면 실제로 새, 개, 원숭이 같은 동물들은 몇까지 셀 수 있을까? 우선 흥미로운 이야기 두 가지를 소개한다.

어떤 사람이 숲속을 산책하다가 나무 위에 있는 새둥지를 발견하였다. 마침 새가 없어서 나무 위에 기어올라가 보니 네 개의 알이 있었다. 이 사람은 그 중 한 개를 살짝 꺼낸 뒤 내려와 숨어 있었다. 잠시 후 둥지로 돌아온 새는 알이 세 개밖에 없는데도 이를 눈치채지 못하였다. 이 사람은 새가 다시 둥지를 비운 사이에 알을 한 개 더 꺼내 보았다. 얼마 후 돌아온 새는 이번에는 그대로 날아가 다시는 돌아오지 않았다. 알이 없어진 것을 알고는 둥지가 안전하지 못하다고 느꼈던 것이다.

이 이야기가 사실이라면 그 새는 4와 3의 구별은 못하지만 4와 2의 구별은 할 줄 아는 셈이다.

또 이런 이야기도 전해 내려온다.

옛날에 어느 성주가 있었다. 어느 날 이 성주는 탑 위에 둥지를 틀고 앉아 있는 새를 발견하였다. 성주는 이 새를 산 채로 잡아야겠다고 생각하고는 탑 안으로 살짝 들어갔다. 그러자 새는 이를 알아차리고 곧장 둥지를 떠났다. 탑 주위를 빙빙 돌던 새는 성주가 탑에서 나오자 다시 둥지로 돌아왔다.

이러기를 몇 번 되풀이하다가 성주는 한 가지 꾀를 생각해 냈다. 그는 즉시 하인 두 명을 불러 일단 탑 안으로 둘을 함께 들어가게 한 후 나올 때는 한 명만 나오도록 했다. 그렇게 하면 새가

속아서 둥지로 돌아올 테니 탑 안에 남아 있던 하인이 새를 붙잡을 수 있을 거라고 생각했던 것이다.

과연 어떻게 되었을까? 새는 하인 한 명이 마저 나올 때까지 돌아오지 않더니 나머지 사람이 할 수 없이 나오자 그제서야 둥지로 돌아왔다.

이 계획이 실패하자 성주는 이번에는 셋이 함께 탑 안에 들어갔다가 두 사람이 먼저 차례대로 나오라고 시켰다.

이번에는 새가 잡혔을까? 세 사람이 탑 안에 들어오는 것을 보고 둥지를 떠난 새는 첫 번째 사람이 나와도, 두 번째 사람이 나와도 돌아오지 않다가 마지막 사람이 나오자 비로소 둥지로 돌아왔다.

이제 성주는 한 사람을 더 불러 네 명의 하인에게 이 영리한 새를 잡게 해보았다. 그러나 이번에도 새는 속지 않았다.

일이 이쯤 되자 약이 오른 성주는 새를 꼭 잡아야겠다는 생각에 다시 다섯 명의 하인을 시켜 보았다.

이번에는 어떻게 됐을까? 첫 번째 사람이 나와도, 두 번째, 세 번째 사람이 나와도 새는 둥지로 돌아오지 않았다. 그런데 이게 웬일인가! 네 번째 사람이 탑을 나오자 새가 탑 안으로 들어가는 것이었다.

결국 새는 탑 안에 남아 있던 다섯 번째 하인에게 잡히고 말았다. 끈기 있는 성주가 드디어 성공한 것이다.

이 이야기 속의 새는 2와 1, 3과 1, 3과 2, 4와 1, 4와 2, 4와 3, 5와 1, 5와 2, 5와 3까지는 구별할 수 있었지만 5와 4는 구별하지 못한 것이다.

과연 동물들이 어느 정도까지 수를 구별할 수 있고, 얼마까지 셀 수 있을까 하는 것은 꽤 흥미로운 문제였다. 그래서 심리학 교수들은 여러 동물들을 대상으로 실험을 해보았다.

그 결과 까마귀, 비둘기, 닭, 앵무새 같은 조류는 2와 1, 3과 1, 3과 2, 4와 1, 4와 2, 4와 3 정도까지 구별할 수 있음이 밝혀졌다. 이들 조류는 사람처럼 수를 셀 수 있는 것은 아니고 단지 눈에 확실히 띄는 정도의 개수를 구별할 수 있는 것이다.

또 쥐, 개, 말 같은 동물들은 1에서 3까지, 드물게는 4까지도

인간은 짐승과 달리 한없이 큰 수까지 이해할 수 있다. 그러나 인간도 한 번 보고 기억할 수 있는 수는 제한되어 있다. 사람들이 한 번 힐끗 보고 기억할 수 있는 숫자는 최고 몇 자리 수일까?

답은 네 자리다. 자동차 번호판이 그걸 증명한다. '서울 1가-1234.' 그런 증거는 또 있다. 바로 전화 번호다. 어느 나라이건 국과 번호를 구분하여 각각 네 자리를 넘지 않게 만든다. '987-6543.' 이것은 인간이 다섯 자리 이상의 수를 한 번에 기억하기 힘들기 때문에 취한 배려다.

이해한다. 사람과 많이 닮은 원숭이는 1에서 3까지를, 침팬지는 1에서 5까지의 수를 이해할 수 있다고 한다.

2) 셀 줄 몰라도 개수는 안다

동물들은 작은 수를 구별만 할 뿐 수에 대한 개념은 거의 없다. 그러면 우리가 알 수 있는 인류 역사보다도 까마득히 먼 옛날 사람들은 과연 어느 정도 수에 대한 개념이 있었을까? 또 그들의 수 개념은 어떻게 해서 오늘날까지 발전하여 왔을까?

이것도 흥미로운 문제로 많은 학자들의 연구 대상이 되었다. 그런데 그 옛날은 문자를 사용하기도 전의 시대여서 연구할 만한 기록이 남아 있지 않다. 그래서 학자들은 다른 방법을 생각해 냈다.

과연 어떤 방법일까? 바로 지금 우리들이 사용하고 있는 언어를 조사해 보는 것이다. 현재 사용하는 언어 속에 남아 있는 흔적들을 살펴봄으로써 거꾸로 옛날 사람들의 수 개념을 알아볼 수 있다. 그 중에서도 현재 남태평양 제도, 오스트레일리아, 아프리카, 남아메리카 등지 원주민들의 언어를 조사하는 것이 좋다. 왜냐하면 이들 지역에서는 오랜 세월 문명 사회와 교류하지 않고 자신들의 옛 문화를 그대로 간직하고 있기 때문이다.

🫘 하나, 둘, 많다

이 학자들에 따르면 이들 지역에는 아직도 아주 작은 수밖에 셀 줄 모르는 원주민들이 있다.

어떤 원주민들은,

1

2

많다(3 이상이면 무조건)

라고 센다. 이 원주민들이 사람을 센다면 아마 한 명, 두 명까지는 셀 수 있고 그 다음은 세 명이 있든 열 명이 있든 무조건 '많다'라고 할 것이다.

또 퀸슬랜드 원주민들은 2를 단위로 하여,

1

2

2와 1

2와 2

많다

와 같이 4까지 셀 수 있다고 한다.

키가 작기로 유명한 아프리카의 피그미 족은,

1 ─ 아

2 ─ 오아

3 ─ 우아

4 ─ 오아 오아(2와 2)

5 – 오아 오아 아(2와 2와 1)

6 – 오아 오아 오아(2와 2와 2)

라는 방법으로 수를 세는데, 그나마 4까지 세는 사람은 드물고 7까지 세는 사람은 거의 없다.

옛날 사람들도 이와 비슷한 수준이었으리라고 추측할 수 있다. 그런데 점차 생활이 나아지고 또 그만큼 복잡해짐에 따라 더 큰 수를 사용할 필요가 생겼다. 점점 불어나는 가축의 수를 정확히 알아두어야 했고, 전쟁이 일어나면 군인의 수가 얼마인지도 알아야 했다. 이런 경우에 큰 수를 셀 줄 모르는 옛날 사람들은 어떻게 했을까?

염소와 나무 눈금

어떤 원주민이 염소 여덟 마리를 키우고 있다고 하자. 그 사람은 염소 수를 세어 '우리 염소는 모두 여덟 마리야'라고 기억해 두면 된다. 그러나 8이라는 큰 수는 그가 아무리 노력해도 셀 수가

없었다. 그래서 그는 염소 우리 옆의 나무에다 염소 한 마리에 눈금 하나를 새기고, 또 한 마리에 눈금 하나를 새기고, 또 한 마리에 눈금 또 하나,……. 이렇게 해서 나무에 모두 여덟 개의 눈금을 새겨 놓았다. 이렇게 해서 그 원주민은 8이라는 수는 이해하지 못해도 가축 수가 얼마나 되는가는 알 수 있었다.

낮에 들판에 풀어놓은 염소를 해질 무렵 모아놓고 전부 돌아왔는가를 확인하려면 염소와 나무에 새겨진 눈금을 하나하나 대응시켜 보면 된다. 염소와 나무 눈금이 꼭 맞게 대응하면 염소가 전부 모인 것이고 만약 나무 눈금이 남는다면 그만큼의 염소가 길을 잃고 헤매고 있는 것이다.

옛날 사람들이 이러한 방법을 썼다는 흔적이 언어에 남아 있다. '셈'이라는 뜻을 지닌 영어 단어 'tally'는 '(나무에 눈금을) 새기다'는 뜻인 'talea'에서 유래했다.

 ___ **족장과 돌멩이**

또 이런 방법도 있다.

어떤 마을의 족장이 30명의 부하를 거느리고 있었다. 만약 이 족장이 30까지 셀 줄 안다면 부하들의 수를 세어 '내 부하는 30명이야'라고 기억해 두면 된다. 그러나 이 족장은 30이라는 어마어마한 수를 도저히 셀 수 없었다. 그래서 족장은 이렇게 하였다.

우선 부하들에게 돌멩이를 하나씩 나누어 주었다가 다시 걷어서 간직해 둔다. 나중에 족장이 부하들에게 모이라고 명령했을 때 부하들이 전부 모였는가를 알려면 갖고 있던 돌멩이들을 꺼내서 하나하나 나누어 준다. 돌멩이가 하나도 남지 않으면 부하들은 모두 모인 것이다. 만약 족장의 손에 돌멩이가 하나라도 남아 있으면 그만큼의 부하가 모이지 않은 것이다.

'셈법'이라는 뜻을 지닌 'calculus'가 '작은 돌'을 뜻하는 라틴어 'calxulus'에서 유래했다는 것은 옛날 사람들이 이 족장과 같은 방법으로 셈하였다는 증거다.

일대일 대응

이와 같이 두 사물의 집합이 있을 때 이들의 개수가 똑같은지 아니면 한 쪽이 다른 쪽보다 많거나 적은지를 알기 위해서 그것들을 하나하나 대응시켜 보는 것은 좋은 방법이다.

이것에 대하여 좀더 이야기해 보자.

예를 들어 지금 방 안에 의자가 여러 개 있고 초대 받은 손님이 여러 명 있다고 하자. 이때 모든 의자에 꼭 한 사람씩 앉아 있는데 빈 의자도, 서 있는 손님도 없다면 의자 수와 손님 수는 똑같다. 그런데 의자가 다 찼는데도 서 있는 손님이 있다면 의자 수는 손님 수보다 그만큼 적은 것이다. 또 반대로 손님이 의자에 다 앉았는데도 의자가 남으면 의자 수가 손님 수보다 그만큼 많은 것이다. 이 같은 사실은 의자 수와 사람 수를 일일이 세어 보지 않아도 알 수 있다.

이처럼 두 집합이 있을 때 한 집합의 모든 원소에 다른 집합의 모든 원소가 꼭 하나씩 대응하면 두 집합은 **일대일 대응**을 이룬다고 한다. 만약 두 집합이 일대일 대응을 이룬다면 각각의 집합은 같은 수의 원소를 갖고 있는 것이다.

앞에서 이야기한 원주민은 염소와 일대일 대응이 되는 수만큼 나무에 눈금을 새겼다. 또 족장은 부하와 일대일 대응이 되는 수

만큼 작은 돌을 모았다.

옛날 사람들은 수를 셀 때, 그 수와 일대일 대응이 되는 사물을 이용하였다. 그리고 그 사물은 주위에서 쉽게 구할 수 있는 것들이었다. 이집트 사람들은 물건의 수만큼 새끼줄에 매듭을 짓는 방법을 사용하였다.

또 일대일 대응을 이용하여 간단한 수를 대신하기도 하였다. 예를 들어 2는 새의 날개 수로 나타낼 수 있고, 3은 클로버 잎으로, 4는 동물의 다리 수로, 5는 한 손의 손가락 수로 나타낼 수 있다.

3) 손가락이 열 개가 아니었다면

아득히 먼 옛날 사람들은 비록 수라는 개념은 없었지만, 수를 셀 때 사물과의 일대일 대응을 이용했음을 앞에서 배웠다.

그런데 대응시킬 사물을 구할 수 없을 때는 어찌될까? 예를 들어 앞에서 말한 족장이 부하 수만큼 돌을 구하지 못했다면? 수를 세는 것이 불가능하다. 또 이들을 데리고 싸움터에 나가 한참 싸우다가 잠시 전열을 가다듬는다고 하자. 그 바쁜 상황에서 부하 수를 세겠다고 일일이 돌을 나누어 주기도 힘든 일이다.

이처럼 사물과 일대일 대응을 시켜 수를 세는 것은 여간 불편한 것이 아니다. 이러한 단점을 보완하여 생각해 낸 수단이 무엇일까?

💊___ 신체는 수를 세기 좋은 도구

바로 우리의 신체를 수와 대응시키는 것이다. 신체는 돌처럼 따로 구해올 필요가 없다.

옛날 사람들이 수를 셀 때 신체를 이용했던 흔적은 지금도 남아 있다.

만일 뉴기니아 섬의 동북부 지방으로 여행을 가거든 자기 몸을 만질 때 조심해야 한다. 바나나를 가리키며 무심코 다른 손으로 코를 만지면 바나나 나무 주인은 바나나 12개를 따서 줄 것이다. 왜냐하면 그 지역에서 코는 12를 나타내는 것으로 바나나 나무 주인이 '바나나 12개를 달라'는 말로 알아듣기 때문이다.

이 지역에서 쓰는 언어를 파푸아 어라고 하는데 이 언어에는 우리가 쓰는 1, 2, 3, 4,…… 같은 숫자는 없지만 다음과 같이 수와 신체의 각 부분이 일대일 대응을 이루고 있다.

> 1 — 오른손 새끼손가락
> 2 — 오른손 약손가락
> 3 — 오른손 가운뎃손가락
> 4 — 오른손 집게손가락
> 5 — 오른손 엄지손가락
> 6 — 오른쪽 손목

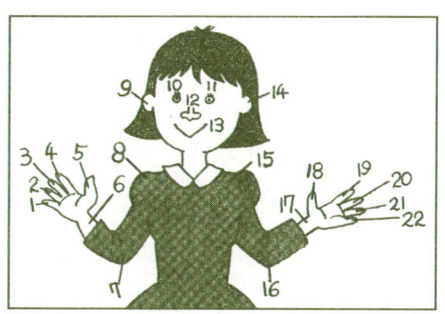

7 — 오른쪽 팔꿈치

8 — 오른쪽 어깨

9 — 오른쪽 귀

10 — 오른쪽 눈

11 — 왼쪽 눈

12 — 코

13 — 입

14 — 왼쪽 귀

15 — 왼쪽 어깨

16 — 왼쪽 팔꿈치

17 — 왼쪽 손목

18 — 왼손 엄지손가락

19 — 왼손 집게손가락

20 — 왼손 가운뎃손가락

21 — 왼손 약손가락

22 — 왼손 새끼손가락

파푸아 어에 12를 나타내는 단어는 따로 없지만 그들은 자기 코를 가리키는 것으로 12를 표현한다. 그런데 이들 중에서 오른손 새끼손가락부터 왼손 새끼손가락까지 셀 수 있는 사람은 매우 드물다고 한다.

결국 이 방법은 돌과 같은 사물을 이용하는 것보다는 편리하지만 수 개념과 그에 대응하는 신체 각 부분을 외워야 하는 불편이 있다. 수가 커질수록 외울 것이 많아지는 것이다.

손과 발로 세다

　지혜로웠던 옛날 사람들은 이런 단점을 깨달았다. 그리고 신체 중에서도 편리하게 이용할 수 있는 부분이 어디인가를 생각하다가 손가락과 발가락을 이용하는 것이 좋다는 것을 알았다.

　지금도 그린란드 원주민들은 다음과 같이 셈을 한다.

　　　　　1 — 하나
　　　　　2 — 둘
　　　　　3 — 셋
　　　　　4 — 넷
　　　　　5 — 한 쪽 손 끝났다
　　　　　6 — 한 쪽 손과 하나
　　　　　7 — 한 쪽 손과 둘
　　　　　8 — 한 쪽 손과 셋
　　　　　9 — 한 쪽 손과 넷
　　　　　10 — 양손이 끝났다

　10보다 더 큰 수를 세어야 할 경우엔 어떻게 할까? 그럴 땐 발가락으로 옮겨서 셈을 한다.

　　　　　11 — 양손과 발가락 하나
　　　　　12 — 양손과 발가락 둘
　　　　　13 — 양손과 발가락 셋
　　　　　14 — 양손과 발가락 넷
　　　　　15 — 양손과 한 쪽 발

16 — 양손과 한 쪽 발과 발가락 하나

17 — 양손과 한 쪽 발과 발가락 둘

18 — 양손과 한 쪽 발과 발가락 셋

19 — 양손과 한 쪽 발과 발가락 넷

20 — 양손과 양 발

이것으로 한 사람이 끝났다. 그래도 셈이 끝나지 않으면? 그 때는 한 사람을 빌려온다.

21 — 한 사람과 하나

22 — 한 사람과 둘

23 — 한 사람과 셋

24 — 한 사람과 넷

25 — 한 사람과 한 손

이렇게 계속된다. 이때에는 자연스럽게 한 사람, 즉 손가락 과 발가락 수를 합한 20이라는 수가 한 단위가 된다.

옛날 사람들도 그린랜드 원주민처럼 셈을 했으리라 보이는 증거가 현재 쓰이는 영어와 불어에 남아 있다. 영어에서는 70을 'seventy'라고 하는데 이를 '20 세 개와 10(three score and ten)'이 라고도 한다. 또 불어에서는 80을 나타낼 때 '20 네 개(quatre—

vingts)', 90은 '20 네 개와 10(quatre—vingt—dix)'이라고 쓰기도
한다.

🫘 ___ 5를 단위로 세다

손가락으로 셈을 할 때 1, 2, 3, 4, 5까지 세면 한 쪽 손이 접힌
다. 또 발가락도 마찬가지이므로 옛날 사람들은 자연스럽게 20
뿐만 아니라 5 역시 한 단위로 생각했다. 이런 흔적들은 여러 곳
에서 찾아볼 수 있다. 한 예로 산스크리트 어(범어)와 페르시아
어에서는 '5'라는 말과 '손'이라는 말이 매우 비슷하다.

또 우리말에서도 '다섯'은 손가락을 '닫다'에서, '열'은 손가
락을 '열다'에서 유래했다(손가락을 1부터 접어가면 5에서 다 접히
고 6부터 다시 하나씩 펼쳐 가면 10에선 모두 펼쳐지므로).

그리고 시계에서 흔히 보는 로마 숫자는 Ⅰ, Ⅱ, Ⅲ, ⅠⅢ(또는
Ⅳ)까지는 막대기를 개수만큼 덧붙여가며 쓰지만 5가 되면 막대
기를 더하는 대신 'Ⅴ'라는 새로운 문자를 사용한다. 이 또한 5
를 한 단위로 생각했음을 나타낸다.

앞에서 말한 그린랜드 원주민들도 1, 2, 3, 4까지 손가락으로
세다가 5는 '한 손이 끝났다'로 한 손을 단위로 생각하였다.

계속하여 로마 숫자와 그린랜드 원주민 방식으로 수를 세어
보면 두 방식이 의미가 같음을 알 수 있다.

6(5와 1) ·········· Ⅵ ·········· 한 손과 1

7(5와 2) ·········· Ⅶ ·········· 한 손과 2

8(5와 3) ··········· Ⅷ ··········· 한 손과 3

9(5와 4) ··········· ⅤⅠⅢ(또는 Ⅸ) ··· 한 손과 4

10(5와 5) ··········Ⅹ(× 즉, Ⅴ 2개) ··· 양 손이 끝났다

또 하나 재미있는 예가 있는데 프랑스 농민들의 곱셈 방식이다. 예를 들어 6×8을 계산한다고 하자. 구구단을 외우고 있는 여러분은 48이라는 답을 바로 구할 것이다. 그런데 프랑스 오베르뉴 지방의 농민들은 5까지의 구구단(오오단이라고 해야 하나?)은 알지만 5보다 큰 수의 구구단은 모른다. 대신 이런 방법을 쓴다.

① 먼저 6에서 5를 빼면 1이므로, 오른손에서 한 손가락을 접는다.

② 다음에 8에서 5를 빼면 3이므로, 왼손에서 세 손가락을 접는다.

그러면 접지 않은 손가락은 오른손에 4개, 왼손에 2개이다. 자, 이제 답을 구해보자.

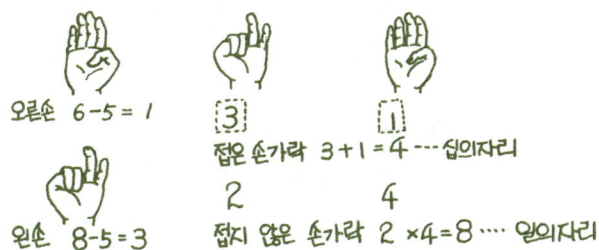

오른손 6-5 = 1

왼손 8-5 = 3

접은 손가락 3+1＝4 ···· 십의자리

접지 않은 손가락 2 ×4＝8 ···· 일의자리

③ 우선 십의 자리 수는 접은 손가락의 수 1과 3을 더한다.

십의 자리 수 : 1＋3＝4

④ 일의 자리 수는 접지 않은 손가락 수 4와 2를 곱한다. 일의 자리 수 : $4 \times 2 = 8$

그래서 6×8의 답은 48이 된다. 아이고 복잡해! 물론 우리가 아는 구구단이 훨씬 편하다. 어쨌든 이것도 옛날 사람들이 5를 한 단위로 셈하였다는 증거 가운데 하나다.

프랑스 농민의 계산 방식이 정말 맞는지 한 번 알아보자.

5보다 큰 두 수 x, y를 곱한다고 하자. 그러면 오른손은 $(x-5)$개 만큼 접고, 접지 않은 손가락은 5에서 $(x-5)$를 뺀 만큼이니까 $5-(x-5)$개, 즉 $(10-x)$개이다. 왼손 역시 마찬가지인데, 이를 표로 그려 보면 아래와 같다.

	접은 손가락	접지 않은 손가락
오른손	$x-5$	$5-(x-5)=10-x$
왼손	$y-5$	$5-(y-5)=10-y$
	십의 자리	일의 자리
$x \times y$	$(x-5)+(y-5)$ $=x+y-10$	$(10-x) \times (10-y)$ $=100-10x+10y-xy$

결국,

$x \times y = (x+y-10) \times 10 + (100-10x-10y+xy) \times 1$ 이다.

오른쪽 변을 전개해 보면 양변이 같음을 알 수 있다.

손가락은 모두 10개

　이렇듯이 옛날 사람들은 신체의 여러 부분을 수와 일대일 대응시키다가 편리하게 20 또는 5가 한 단위가 되는 손가락과 발가락만을 사용하는 단계로 발전하였다.

　그럼 한번 손가락과 발가락을 사용하여 17을 세어 보자.

　우선 손가락 10개를 접고 한 쪽 발가락 5개를 접고 또 다른 쪽 발가락 2개를 접는다. 아이고 힘들어! 발가락 2개를 접는 게 여간 힘든 일이 아니다. 옛날 사람들은 발가락을 사용하는 것이 그다지 편리하지 않음을 깨닫고 마침내 양손의 손가락만을 이용하는 셈법을 쓰게 된다.

　손가락은 수를 세기에 여러모로 편리하다. 돌처럼 애써 찾지 않아도 쉽게 구할 수 있고, 신체처럼 일일이 외우지 않아도 10이 한 단위가 되므로 규칙적인 셈을 할 수 있으며, 발가락처럼 굽히려 애쓰지 않아도 된다. 그래서 어떤 인류학자는 '손가락 셈을

하였는지의 여부는 바로 문명과 미개를 구별하는 기준이다'라고 손가락 셈의 중요성을 말하고 있다.

　양손의 손가락은 모두 10개이므로 손가락을 이용하여 셈을 하면 10이 한 단위가 되고 10을 넘으면 단위 하나가 올라가게 되는데 이런 셈법을 **10진법**이라 한다. 우리가 지금 자연스럽게 사용하고 있는 10진법은 오랜 세월 동안 다듬어진 결과다. 만약 사람의 손가락이 10개가 아니었다면 어찌 되었을까?

2 수의 표기법

1) 옛날 사람들이 사용한 숫자들

수를 세는 방법이 발달하는 것과 함께 사람들은 수를 표기할 줄도 알아야만 했다. 그래서 나라마다 독특한 표기법을 만들어 사용하기 시작했다. 예를 들면 오늘날의 10에 해당하는 숫자를 메소포타미아 인들은 ◀로, 이집트 인들은 ∩로, 마야 인들은 ＝로, 로마 인들은 Ⅹ로 나타내었다.

그들이 사용한 1에서 10까지의 숫자는 다음과 같다.

	1	2	3	4	5	6	7	8	9	10
바빌로니아	▼	▼▼	▼▼▼	▼▼▼▼	▼▼▼▼▼	▼▼▼▼▼▼	▼▼▼▼▼▼▼	▼▼▼▼▼▼▼▼	▼▼▼▼▼▼▼▼▼	◀
이 집 트	I	II	III	IIII	IIIII	IIIIII	IIIIIII	IIIIIIII	IIIIIIIII	∩
마 야	●	●●	●●●	●●●●	━	━●━	━●●━	━●●●━	━●●●●━	═
로 마	I	II	III	IV	V	VI	VII	VIII	IX	X

2) 진법

사회가 발전하면서 사람들은 점점 크고 복잡한 숫자가 필요하게 됐고 그에 따라 큰 수를 기록하는 방법에 관심을 갖기 시작했다. 과연 큰 수는 어떻게 기록하면 좋을까?

선택된 숫자

가장 널리 알려진 방법은 몇몇 특별한 수를 선택해 이것을 '단위'로 하여 더 큰 수를 나타내는 것이다.

예를 들면 우리 몸의 손가락과 발가락 수를 나타내는 5, 10, 20 등을 한 단위로 삼는 것이다. 이들은 신체에서 찾을 수 있는 가장 쉬운 숫자들이므로 이것을 단위로 한 흔적은 여러 지역에 남아 있다. 5는 그린랜드의 원주민들 사이에, 10은 이집트 지역에, 20은 아메리카 인디언들이나 마야 인들, 프랑스, 덴마크, 웨일즈 등지에서 찾아볼 수 있다.

지금도 각종 도량형 단위에서 흔히 볼 수 있는 12 역시 선사시대부터 사용했던 단위 숫자다.

12를 택한 것은 연중 태음월(초승달에서 다음 초승달까지의 기간)이 12번이었기 때문이라고도 하고, 12가 크기에 비해 약수를 많이 가지고 있기 때문이라고도 한다.

12가 숫자의 단위로 쓰였다는 증거는 영국 작가 스위프트(J. Swift)가 쓴 『걸리버 여행기』에서도 찾아볼 수 있다.

걸리버가 소인국에 갔을 때 이야기다. 소인국에서는 걸리버의 한 끼 식사로 소인국 사람 1728명 분을 준비해 그를 대접했다고 되어 있는데, 스위프트는 왜 하필이면 1728이라는 복잡한 숫자를 썼을까?

당시 영국은 12가 단위인 숫자를 사용하고 있었다. 그래서 아마 스위프트는 걸리버의 키가 소인국 사람의 12배라고 생각했던 것 같다. 키가 12배이면 부피는 $12 \times 12 \times 12$배가 되므로 식량도 그만큼 필요하게 된다.

$12^3 = 1728$이다.

어쨌든 12는 오늘날에도 시계의 눈금, 물건의 개수(1다스＝12개) 등에 사용되고 있다.

12가 단위인 예

1 피트＝12 인치

1 파운드＝12 온스(금, 약의 단위로 사용될 때)

1 실링＝12 펜스(영국의 화폐 단위)

1 인치＝12 라인

:

메소포타미아 문명권에 속하는 바빌로니아에서는 좀 큰 숫자인 '60'을 단위로 사용했는데 여기에는 다음과 같은 흥미로운 이야기가 전해진다.

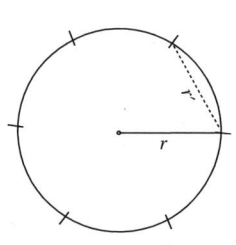

바빌로니아 인들은 오랜 관찰을 통해 지구의 공전 주기가 약 360일이라는 사실을 알고 있었다. 뿐만 아니라 그들은 '원을 그 원의 반지름으로 자르면 6등분이 된다'는 사실도 알고 있었다. 그래서 그들은 태양의 모습인 원을 360으로 생각하고 360을 6등분한 숫자 60을 단위로 택한 것이다.

60은 지금도 시간과 각도의 단위로 많이 사용되고 있다.

1시간＝60분, 1분＝60초

1°(도)＝60′(분), 1′＝60″(초)

 ___ **큰 수를 나타내는 법**

단위에 대해 배웠으니 이제는 실제로 큰 수를 어떻게 나타냈는지 알아보자. 마야 문명으로 유명한 마야 인들은 '20'을 이용하여 매우 독특하게 수를 표시했다. 우선 그들이 사용한 1에서 20까지의 숫자를 보자.

1 •	6	11	16
2 ••	7	12	17
3 •••	8	13	18
4 ••••	9	14	19
5	10	15	0

그러면 다음은 얼마를 나타내는 수일까?

위에서부터 보면 차례로 7, 16, 0, 3을 나타내고 있다.

마야 인들이 20을 단위로 한 숫자를 사용하였고 아래쪽에서 위로 숫자를 표기해 갔다는 사실을 감안한다면,

$3 + 0 \times 20 + 16 \times 20^2 + 7 \times 20^3 = 62403$이 아닐까?

그러나 실제로는 56163을 뜻한다.

$$\vcenter{\hbox{⠒}} \rightarrow 7 \times 20^3 \rightarrow 7 \times (18)(20^2) = 50400$$

$$\vcenter{\hbox{☰}} \rightarrow 16 \times 20^2 \rightarrow 16 \times (18)(20) = 5760$$

$$\varbigcirc \rightarrow 0 \times 20 \rightarrow 0 \times (20) = 0$$

$$\vcenter{\hbox{⋯}} \rightarrow 3 \rightarrow 3 = \underline{\quad 3} \,(+$$

$$56163$$

그들은 왜 20^2 대신에 18×20이라는 숫자를 택했을까?

잘 생각해 보자. $20^2 = 400$이고, $18 \times 20 = 360$이다.

마야의 달력으로 1년은 360일이었으므로 여기에 의미를 두어 $(18)(20^n)$을 단위로 택했을 가능성이 높다.

위치적 기수법

이번에는 이집트와 바빌로니아의 수 표기법을 보자.

이집트 인들은 우리에게 매우 익숙한 숫자 '0'을 단위로 사용했는데, 『린드 파피루스(The Rhind Mathematical papyrus)』를 보면 다음과 같은 기호들이 나와 있다.

『린드 파피루스』

승려 아메스(Ahmes)가 쓴 것을 린드가 발견해서 붙여진 이름으로, 『아메스 파피루스』라고도 한다. 가로 약 5m 50cm, 세로 약 30cm 크기인 파피루스에 85개의 문제가 상형문자로 기록되어 있는 책이다. 세계에서 가장 오래된 수학책이고, 현재 대영박물관에 보관되어 있다.

이집트 숫자		
| (1)		수직 모양
∩ (10)		말굽 모양
ℓ (10²)		끈이 휘어져 있는 형태
(10³)		연꽃
(10⁴)		손가락
(10⁵)		올챙이
(10⁶)		신에게 경배하는 사람의 형상

따라서 13015는 아래와 같이 나타낸다.

$$13015 = 1(10^4) + 3(10^3) + 1(10) + 5$$

$$=$$

그러나 이 방법에는 1, 10, 100, 1000, …… 등 단위 숫자가 커짐에 따라 계속 다른 기호를 만들어 끝없이 배열해야 하는 불편이 따랐다. 단지 오늘날처럼 10진법을 사용했다는 데 그 의의가 있는 셈이다.

이에 비해 60진법을 사용한 바빌로니아의 표기법은 오늘날과 거의 흡사한 우수한 방법이었다.

그들을 1을 ▼로, 10을 ◀로 나타냈는데 이것을 이용하여 다음과 같이 수를 표기했다.

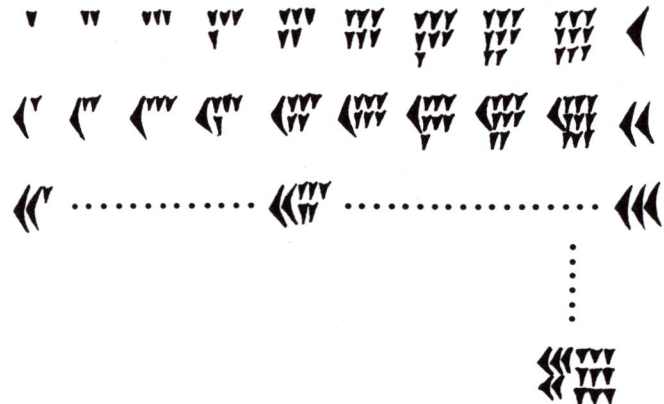

보다시피 그들은 다소 복잡하기는 하나 ▼와 ◀만을 이용하여 무려 59까지의 수를 무리없이 표시했을 뿐 아니라 60부터는 다시 이 두 숫자를 사용하되 위치만 달리하여 나타내는 편리한 방법을 썼다.

즉 오늘날의 '자리수' 원리가 이미 나타나고 있는 것이다.

따라서 1, 2, 3,……, 10, 11, ……은 각각,

   ▼, ▼▼, ▼▼▼, ……, ◀, ◀▼, ……

  (1) (2)   (3)   (10) (11)

과 같이 나타내고 60부터는 다시,

   ▼, ▼ ▼, ▼ ▼ ▼, ……, ▼◀, ▼◀▼, ……

  (60) (61)   (62)   (70)   (71)

로 나타낸다. 이렇게 하면 3600(60^2)부터는 역시 같은 방법으로

▼ , ▼ ▼, ▼ ▼ ▼……

(3600) (3601) (3602)

로 나타내게 된다.

예를 들어 369323은,

$$369323 = 1 \times 60^3 + 42 \times 60^2 + 35 \times 60 + 23$$

$$= \text{𒁹𒐏𒌋𒌋𒌋𒐈}$$

로 나타낸다.

그런데 주의깊게 보면 ▼ ▼이라는 표기가 2, 61, 3601, 3660, …… 등 여러 숫자를 표시하는 공통 표기임을 알 수 있다. 물론 ▼이나 ▼▼▼도 마찬가지다.

그러면 이것을 어떻게 구별했을까? 자연스런 방법으로 그들은 2 = ▼▼, 61 = ▼ ▼와 같이 두 기호 사이에 약간의 간격을 둠으로써 두 숫자를 구별했다.

그렇다고 모든 문제가 해결되었을까?

2 = ▼▼, 61 = ▼ ▼로 표기하더라도

3601 = ▼ ▼, 3660 = ▼ ▼, ……로 하다 보면 간격을 떼어 표시하는 데도 한계가 있음을 짐작할 수 있다.

만일 '▼   ▼'라는 표기가 있을 때 이것이 정확히 어떤 수라고 말할 수 있을

$$60^3 + 60^2 + 60 + 1$$
$$= 219661$$

$$10^3 + 10^2 + 10 + 1$$
$$= 1111$$

까? 혼란스럽지 않을 수 없다.

그러나 훗날 인류는 '0'을 만들어 사용함으로써 이 문제를 해결하였다. 이에 대해서는 바로 뒤에서 다시 알아보기로 하자.

하지만 바빌로니아의 기수법은 같은 기호 ▼이 그 위치에 따라 1, 60, 3600, …… 을 나타냄으로써 오늘날 사용하는 위치적 기수법의 시초가 된 셈이다.

물론 오늘날 우리는 바빌로니아와 달리 10진법을 사용하고 있지만, 111에 나타난 세 개의 1이 그 위치에 따라 각각 1, 10, 100을 나타내는 원리는 동일한 것이다.

그래서 노이게바우어(Neugebauer)는 이 위치적 기수법의 발명을 '알파벳의 발명에 견줄 수 있는, '인류의 가장 창조적인 발명 중의 하나'라고 평가했다.

오늘날 우리는 10진법, 더 정확히 말하면 '10진 위치적 기수법'을 사용하고 있다. 이것은 어떻게 완성된 것일까?

앞에서 우리는 고대 바빌로니아에서 수준 높은 위치적 기수법에 해당하는 60진법을 사용하였는데 가장 큰 약점이 바로, 예컨대 '▼   ▼'을 얼마로 읽어야 할지 모른다는 것임을 알았다. 그것은 두 기호간의 간격에 대한 기준이 없어 애매했기 때문에 생긴 문제였다. 그런데 '0'이 등장함으로써 이 문제는 해결되었다.

즉 11, 101, 1001, 10001, …… 과 같이 빈 자리수만큼 정확하게 0을 써넣는 것이다. 이제 101과 1001을 혼동할 사람은 아무도 없다.

'영'(零)은 불교에서 '공'(空)을 뜻하는 말로서 인도에서 처음 만들어져 13세기쯤에는 이미 유럽 전역에 전파되어 널리 쓰였다. 인도 인들은 아라비아 숫자로 불리는 1, 2, 3, 4, ……와 0을 발견하여 수학사상 빛나는 공헌을 하였다.

이 0이라는 기호로 말미암아 마침내 오늘날의 10진법이 확립되고 사칙연산을 자유로이 할 수 있게 되었다.

0과 아라비아 숫자가 등장하기 전과 후의 계산을 직접 한번 해보자.

로마 시대로 가보자. 거기에서는

$V-5, X-10, L-50, C-100, D-500$이다.

D C C L X X V II	777
+ C C X III	+ 213
DCCCC LXXXX	990

DCCLXXVII	777
− CCLXXVI	− 213
D I	564

두 식을 비교해 보면 현재의 계산법이 얼마나 편리한지 알 수 있다.

그렇다고 옛 로마 사람들을 너무 불쌍하게 여길 필요는 없다. 현재 우리가 쓰는 아라비아 숫자와 10진법은 필산(종이에 써서 하는 계산)을 하는 데 무척 편리하지만 로마인들은 필산을 하느라 고생하지는 않았다.

그들은 '주판'이라는 편리한 기구를 만들었던 것이다. 주판은 각 자리마다 단위가 정해져 있어 그 자리의 알만 튕기면 된다.

이 주판으로 복잡한 계산들을 손쉽게 해냈던 것이다.

주판을 이용해 계산하고 있는 모습

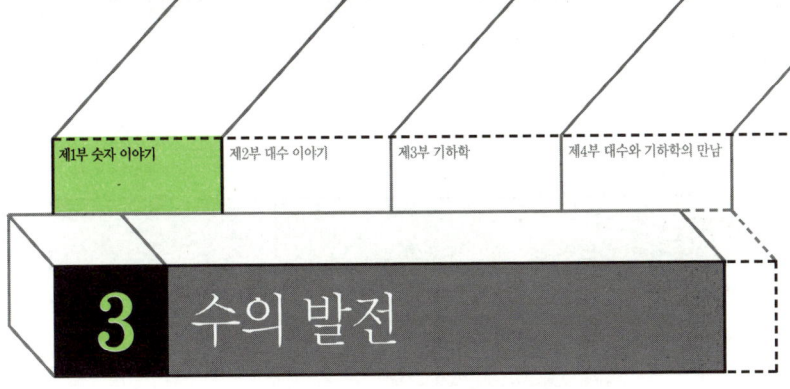

3 수의 발전

인간이 처음 수를 세고 기록하면서 가장 익숙해진 수는 물론 **자연수**였다. 그리고 이 자연수의 성질을 연구하면서 **분수**를 발견하게 되었고 **무리수**의 존재를 짐작하게 되었다. 따라서 수학은 오랜 세월 동안 이 수들을 사용하면서 꾸준히 발전해 온 것이다.

르네상스를 맞은 16, 17세기의 유럽에서는 그 동안 논란이 많던 **음수**가 마침내 수로 인정을 받게 되고, 계산술에 놀라운 발전을 가져온 **소수**가 발명되었다. 그리하여 모든 수를 수직선 위에 나타낼 수 있게 되었고, 수는 이 같은 **실수**의 범위에서 끝나는 것처럼 보였다.

그러나 19세기에 이르러 천재 수학자 가우스에 의해 놀랍게도 실수가 아닌 수, 즉 **허수**의 존재가 밝혀지면서 수학은 더욱 발전하여 오늘에 이르고 있다.

1) 자연수

 완전수와 친화수

"만물의 근원은 수이다"라는 말로 유명한 피타고라스는 수 중에서도 '자신을 제외한 약수의 합이 그 자체가 되는 수'를 **완전수**라고 하여 신성시하였다.

즉 $6 = 1 + 2 + 3$

$28 = 1 + 2 + 4 + 7 + 14$

이므로 6이나 28 등의 수들이 완전수인 것이다. 그래서 그는 신이 6일 동안에 천지를 창조했다고 해석했고, 결혼하기에 가장 길한 나이는 28세라고 생각할 정도였다. 이 두 수는 우리 주변에서도 많이 발견된다. 예를 들어 벌집은 정육각 기둥으로 되어 있으며 겨울에 내리는 눈은 정육각형의 형태를 띠고 있고, 광물들의 결정체도 육각기둥으로 형성된 것이 많다. 또 흔히 말하는

임신 기간인 10개월은 280일로 한 달을 28일로 계산한 것이며, 이에 따라 병원에서도 생후 28일까지의 아기를 신생아라 부른다. 6과 28에 이은 세 번째 완전수는 496이고, 네 번째 완전수는 8128, 다섯째는 33550336, 여섯째는 8589869056이다.

유클리드는 그의 책 『원론』에서 $2^n - 1$이 소수이면 $2^{n-1}(2^n - 1)$은 완전수라는 사실을 증명하였고, 2000년 뒤에 오일러는 짝수인 모든 완전수가 그와 같은 모양임을 증명하였다.

또 $1^3 + 3^3 = 28$, $1^3 + 3^3 + 5^3 + 7^3 = 496$과 같이 6을 제외한 모든 완전수는 연속인 홀수의 세제곱의 합이다.

한편 두 자연수가 있어 각 수에 대하여 자기 자신을 제외한 약수의 합이 다른 한 수와 같을 때 두 수를 **친화수**(또는 친구수)라고 한다. 예를 들어 284의 약수는 1, 2, 4, 71, 142, 284이고, 220의 약수는 1, 2, 4, 5, 10, 11, 20, 22, 44, 55, 110, 220인데

$1 + 2 + 4 + 71 + 142 = 220$

$1 + 2 + 4 + 5 + 10 + 11 + 20 + 22 + 44 + 55 + 110 = 284$

이다. 따라서 두 수 220과 284는 친화수이다. 또 다른 친화수로는 18416과 17296 그리고 9437056과 9363584가 있다.

친화수와 비슷한 성질을 갖는 수로는 **부부수**가 있다. 부부수는 1과 자기 자신을 제외한 나머지 약수의 합이 다른 한 수와 같은 두 수를 일컫는 말이다. 예를 들어 48의 약수는 1, 2, 3, 4, 6, 8, 12, 16, 24, 48이고 75의 약수는 1, 3, 5, 15, 25, 75이다.

그런데 $2 + 3 + 4 + 6 + 8 + 12 + 16 + 24 = 75$, $3 + 5 + 15 + 25 = 48$이므로 48과 75는 부부수이다. 지금까지 알려진 부부수에는

140과 195, 1575와 1648, 1050과 1925, 2024와 2295 등이 있다.

특별한 수에 대한 생각은 우리나라에도 있었다. 우리나라에서는 최초의 자연수인 1을 양(陽), 2는 음(陰)으로 생각하여 1과 2를 합한 수 3을 음양의 조화를 이룬 완전한 수로 여겼다. 3·1 운동 때의 민족 대표가 33인인 이유도 여기에 있다.

1을 양으로 생각한 것은 곧 홀수 전체로 확대되어 홀수가 겹치는 날을 우리 고유의 명절로 삼았다.

음력 1월 1일 : 설

음력 3월 3일 : 삼짇날

음력 5월 5일 : 단오

음력 7월 7일 : 칠석

음력 9월 9일 : 중구

소수(素數)는 몇 개일까?

자연수 가운데 소수라는 존재는 왠지 고집스럽고 순수하게 느껴진다. 아마도 소수는 1과 자기 자신만을 약수로 갖는 수여서 더 이상 쪼갤 수 없다는 점 때문일 것이다.

많은 자연수 중에서 소수를 가려내는 방법은 이미 **에라토스테**

네스의 체로 널리 알려져 있다.

그런데 실제로 소수를 구해 보면 대략 100을 넘어서면서부터 그 개수가 급격히 줄어드는 것을 발견하게 된다.

그렇다면 소수는 과연 몇 개쯤일까? 유한개인가 무한개인가? 그리스의 대 수학자 유클리드는 '소수는 무한개'라고 자신 있게 말하였다. 그의 증명을 보자.

만일 소수의 개수가 유한개라면 가장 큰 소수가 존재할 것이다. 그 수를 M이라고 가정하자.

다음과 같은 식을 만들어 보자.

$2 \times 3 + 1 = 7$ ($\therefore$ 7은 2, 3의 배수가 아님)

$2 \times 3 \times 5 + 1 = 31$ ($\therefore$ 31은 2, 3, 5의 배수가 아님)

$2 \times 3 \times 5 \times 7 + 1 = 211$ ($\therefore$ 211은 2, 3, 5, 7의 배수가 아님)

$2 \times 3 \times 5 \times 7 \times 11 + 1 = 2311$ ($\therefore$ 2311은 2, 3, 5, 7, 11의 배수가 아님)

$\vdots$

$$2 \times 3 \times 5 \times 7 \times 11 \times \cdots\cdots \times M + 1 = N$$

그러면 N 역시 2, 3, 5, 7, 11……, M의 배수가 아니다.

자, 그런데 자연수 N은 소수 아니면 합성수다.

만일 N이 소수라면 M이 가장 큰 소수라는 가정에 위배된다.

N이 합성수라면?

모든 합성수는 소수들의 곱으로 분해할 수 있으므로 N을 분해하면 M보다 더 큰 어떤 소수가 있어야 한다. 이것 역시 M이 최대 소수라는 가정에 위배된다.

따라서 소수는 유한개가 아닌 무한개다.

소수를 찾고자 하는 사람들의 노력은 현재까지도 계속되고 있다. 1990년에는 1년 이상 초대형 컴퓨터를 쉼없이 작동하여

소수 '$391581 \times 2^{216091} - 1$'을 발견하였고, 1994년에는 슈퍼컴퓨터를 이용하여 258716 자리 소수인 $2^{859433} - 1$을 발견하였다. 이 수를 적으려면 신문 8면 정도가 필요하다고 한다.

한편, 17세기 프랑스의 수도사였던 메르센(Mersenne, 1588~1648)은 예로부터 있어 왔던 'n이 소수일 때 $2^n - 1$은 소수이

다' 라는 명제에 대해 많은 연구를 하였다. 그런 그의 업적을 기려 사람들은 $2^n - 1$ 형태의 수를 **메르센 수**라고 불렀으며, 메르센 수 중에서 소수인 수를 **메르센 소수**라고 부르게 되었다.

첫번째 메르센 소수는 $2^2 - 1 = 3$, 두 번째 메르센 소수는 $2^3 - 1 = 7$이며 $2^n - 1$에서 n이 257보다 크지 않을 경우 n = 2, 3, 5, 7, 13, 17, 19, 31, 61, 69, 107, 127일 때 메르센 소수라는 것이 1947년에 밝혀졌다.

1963년에는 일리노이주립대학에서 23번째 메르센 소수가 발견되었는데 그 대학 수학과에서는 이를 기념하기 위하여 '$2^{11213} - 1$은 소수이다' 라는 글을 새긴 우편요금 별납 도장을 사용하기도 하였다.

그 후 1997년에는 895932자리인 36번째의 메르센 소수가, 1998년에는 909526자리인 37번째 메르센 소수가 발견되었다.

가장 최근(2001. 12)에 발견된 메르센 소수는 '$2^{13466917} - 1$'로 4053946자리의 수다. 이는 메르센 소수 발견을 목적으로 창립된 인터넷 메르센 소수 연구(Gimps) 프로젝트에 참여한 캐나다의 마이클 캐머론이 발견했다.

🍃 모래알의 수

자연수의 개수가 무한히 많다는 것은 누구나 알고 있는 사실이다. 그러나 이 모든 숫자를 실생활에서 사용하는 것은 아니다. 옛 그리스에서는 1000이 넘는 숫자는 '아주 많은' 이라는 뜻을 가진 한 단어로 표시했다고 한다. 단지 아르키메데스만이 『모래의 계산자』라는 책 속에서 무려 10^{63}에 해당하는 거대한 숫자를 언급하고 있을 뿐이다. 우주를 모래로 가득 채웠을 때의 숫자라니 얼른 상상이 되지 않을 것이다.

이와 비슷한 수사(數詞)가 인도에도 있었다고 한다. 인도의 '항하사'(恒河沙)라는 수사는 갠지스 강의 모래알 개수를 나타내는 거대한 숫자라고 하는데, 사실 인도나 중국의 옛 기록을 보면 이보다 더 큰 숫자도 나타나 있다. 물론 실제로 사용되지 않는 추상적인 수일 뿐이다.

일(1), 십(10^1), 백(10^2), 천(10^3), 만(10^4), 억(10^8), 조(10^{12}), 경(10^{16}), 해(10^{20}), 자(10^{24}), 양(10^{28}), 구(10^{32}), 간(10^{36}), 정(10^{40}), 재(10^{44}), 극(10^{48}), 항하사(10^{52}), 아승지(10^{56}), 나유타(10^{60}), 불가사의(10^{64}), 무량대수(10^{68}) ……

무량대수보다 더 큰 수로는 겁(劫)이 있다. 겁이란 한 세상이

창조되어 끝난 후 다시 창조될 때까지의 시간이다. 다르게 비유하면 천사가 입은 비단 옷이 사방 40리 되는 바위를 100년에 한 번씩 스쳐서 다 닳을 때까지 걸리는 세월을 말한다.

1보다 작은 숫자를 알아보는 것도 흥미롭다.

할, 푼, 리, 모, 사, 홀, 미, 섬, 사, 진(10^{-9}), 애, 묘, 막, 모호(10^{-13}), 준순, 수유, 순식, 탄지, 찰나, 육덕, 허공, 청정(10^{-21}: 먼지를 1만 번 나누고, 그것을 또 1만 번 나누고 다시 그것을 1만 번 나눈 것을 의미함), 천재일우(10^{-47}).

동양에서는 10^4단위로 수를 세지만 영어에서는 10^3을 단위로 하여 이름을 붙여 나간다. 그 중 몇 개를 소개하면 다음과 같다.

atto(10^{-18}), femto(10^{-15}), pico(10^{-12}), nano(10^{-9}), micro(10^{-6}), milli(10^{-3}), kilo(10^3), mega(10^6), giga(10^9), tera(10^{12}), peta(10^{15}), exa(10^{18})

한편, 10^3을 thousand, 10^6을 million, 10^9을 billion, 10^{12}을 trillion, 10^{100}을 googol이라고도 한다.

삼각수와 사각수

피타고라스는 밤하늘의 별을 보며 형상수(形象數)라는 특이한 수를 연구했는데 이것은 기하학적인 도형을 이루는 점들의 개수를 말한다.

그러므로 가장 간단한 형상수는 정삼각형과 정사각형을 이루는 삼각수와 사각수다.

삼각수의 그림을 보자.

$$1$$
$$1+2=3$$
$$1+2+3=6$$
$$1+2+3+4=10$$
$$1+2+3+\cdots\cdots+n=?$$

위에서 보듯이 1, 3, 6, 10, 15, 21, …… 등이 삼각수가 된다.

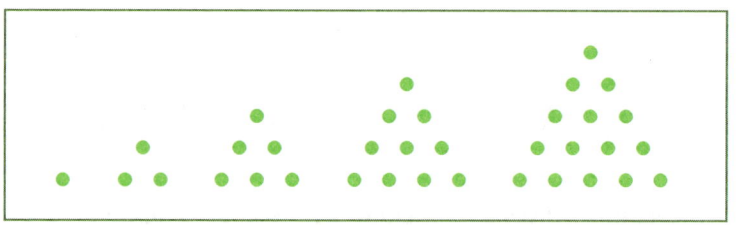

그러면 n번째의 삼각수는 어떻게 될까?

5번째 삼각수를 예로 들기 위해 다음 그림을 보자.

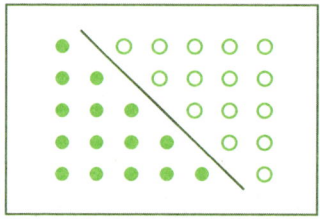

$$\frac{5 \times 6}{2} = 15(개)$$

그렇다면

$$1+2+3+\cdots+n = \frac{1}{2}n(n+1)$$

이라는 식이 성립한다.

이것은 바로 초항이 1, 공차가 1인 등차수열의 합의 공식이다.

사각수에서도 마찬가지로 놀라운 사실을 발견할 수 있다.

$$1$$
$$2^2 = 4$$
$$3^2 = 9$$
$$4^2 = 16$$
$$n^2 = ?$$

위의 그림에서 3^2으로부터 4^2을 구하려면, 우선 가로, 세로의 옆에 각각 3개씩의 점을 추가하고 오른쪽 빈칸에 1개의 점을 더하면 된다. 즉,

$$(n+1)^2 = n^2 + (2n+1)$$

이것은 바로 오늘날의 곱셈 공식과 같다.

역시 대 수학자의 혜안은 천리 앞을 내다보고 있었나 보다.

2) 분수

생선 네 마리를 두 사람이 똑같이 나누어 가지려면 몇 마리씩 가지면 될까?

물론 $4 \div 2 = 2$(마리)이다.

그런데 생선이 3마리밖에 없다면?

$3 \div 2 = ?$(마리)

이와 같이 나눗셈을 하다보면 자연수만으로는 나타낼 수 없는 수들도 필요할 때가 있다. 이렇게 생겨난 숫자들이 바로 **분수**인데, 분수의 역사는 먼 옛날 이집트 시대로 거슬러 올라간다. 옛 이집트에서는 오늘날과는 조금 다른 '단위 분수'라는 것을 사용하고 있었다. 이것은 분자가 1인 분수로서 그들은 $\frac{2}{3}$를 제외한 모든 분수를 단위 분수만으로 나타내었다.

$$\frac{1}{2}$$

$$\frac{2}{3}$$

$$\frac{3}{4} = \frac{1}{2} + \frac{1}{4}$$

$$\frac{4}{5} = \frac{2}{3} + \frac{1}{10} + \frac{1}{30}$$

$$\vdots$$

$$\frac{9}{10} = \frac{2}{3} + \frac{1}{5} + \frac{1}{30}$$

17마리의 낙타

분수의 속성을 이용한 재미있는 이야기가 있다. 옛날 어느 노인이 낙타 17 마리를 유산으로 남기고 죽었다. 그는 죽으면서 세 아들에게 이런 유언을 남겼다.

"낙타의 $\frac{1}{2}$은 장남에게, $\frac{1}{3}$은 차남에게, $\frac{1}{9}$은 막내에게 주노라."

아들들은 고민에 빠졌다. 17은 2, 3, 9 중 어떤 수로도 나누어지지 않았기 때문이다. 이때 한 소년이 낙타 한 마리를 몰고 지나가다가 이것을 보고 묘안을 짜냈다.

"아저씨들의 낙타 17마리에 제것 1마리를 더하면 되겠네요. 그러면 장남은 $18 \times \frac{1}{2} = 9$마리를 갖고 차남은 $18 \times \frac{1}{3} = 6$마리, 막내는 $18 \times \frac{1}{9} = 2$마리를 가질 수 있죠."

"그럼 꼬마야, 넌 어떡하니?"

"걱정 마세요. 제 낙타는 그대로 남아 있잖아요?"

정말이었다. 세 아들은 각각 9마리, 6마리, 2마리(9+6+2=17)로 유산을 분배하였고 소년은 자기 낙타 1마리를 도로 가져갈 수 있었다. 세 아들은 고민이 사라져 좋아했다. 그런데 과연 맞게 분배한 것일까? 물론 틀렸다. 함정은 바로 노인의 유언에 있다.

$\frac{1}{2} + \frac{1}{3} + \frac{1}{9} = \frac{9+6+2}{18} = \frac{17}{18}$ 이므로 처음부터 노인의 말대로는 낙타를 분배할 수가 없었던 것이다.

분수의 등장으로 자연수끼리의 나눗셈을 하나의 숫자로 표현할 수 있게 되었고 이는 계산술의 발전에 큰 공헌을 했다.

3) 무리수

피타고라스는 선분을 '점들의 모임'이라고 생각하였다. 따라서 모든 선분의 길이는 이 같은 점들의 개수, 즉 유리수로 나타낼 수 있다고 믿었다.

또 그는 많은 연구 끝에 **피타고라스의 정리**를 발견하였는데 재미있게도 거기에서 선분의 길이를 유리수로 나타낼 수 없는 당혹스러운 경우와 마주치게 되었다.

피타고라스의 정리에 따르면 한 변의 길이가 1인 정사각형의 대각선의 길이를 a라 하면 $a^2 = 2$가 되어야 한다. 그러나 제곱해서 2가 되는 유리수는 없다. 즉 지금까지의 '모든 수는 유리수'라는 생각이 잘못되었음이 밝혀진 것이다.

피타고라스 학파는 상황이 난처해지자 결과를 쉬쉬했으나 언제까지 감출

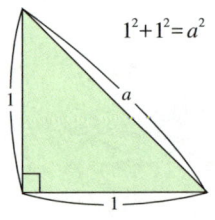

$$1^2 + 1^2 = a^2$$

수 없었고 결국 무리수의 존재가 드러났다.

　무리수의 등장으로 말미암아 수는 유리수와 무리수, 즉 실수의 범위로 확대되었다.

　실수 중에서 두 정수 a, b의 비 $\dfrac{a}{b}$ (b≠0)로 나타낼 수 있는 수를 유리수라고 하고, 유리수가 아닌 수를 무리수라고 한다.

　유리수는 소수로 나타내었을 때 유한 소수나 순환소수로 나타나며 무리수는 순환하지 않는 무한 소수로 나타난다.

　무리수 $\sqrt{2}$ 를 수직선 위에 나타내 보자.

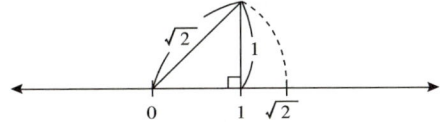

　수직선 위에 모든 유리수를 늘어놓더라도 빈틈이 많이 생기는데 그 빈틈은 무리수들로 다 채워진다. 즉 실수는 수직선 위의 점과 일대일 대응을 이룬다.

A4용지의 비밀

A4용지는 복사용지를 비롯해 공문서 등에 가장 많이 사용되는 종이로 그 규격은 297mm×210mm이다. 그런데 왜 A4용지는 300mm×200mm와 같이 간단한 수치를 두고 297과 210 같이 복잡한 수를 택하여 만들었을까?

그 비밀은 A4용지의 길이의 비에 숨어 있다.

커다란 종이 한 장이 있다. 이것을 여러 가지 모양으로 잘라 타자지, 편지지, 메모지 등 크기가 다른 여러 종류의 종이로 만들려고 한다. 이 때 전지를 절반으로 자르고, 또 그것을 절반으로 잘랐을 때 생기는 용지가 원래의 규격과 같은 비율이라면 보기 좋게 만들기 위해 한쪽을 잘라낼 필요가 없다. 따라서 모든 종이를 낭비없이 쓸 수 있을 것이다.

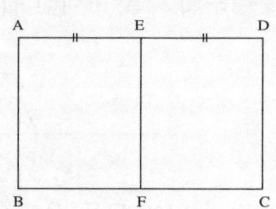

전지의 길이 대 폭의 비를 x : 1이라고 하면 이것을 절반으로 자른 종이의 길이 대 폭의 비는 $1 : \dfrac{x}{2}$이다.

□ABCD ∽ □EABF에서 AD : AB＝AB : BF이므로
$\dfrac{x^2}{2}=1$에서 $x^2=2$이다.
$$\therefore x=\sqrt{2}$$

이렇게 전지의 폭에 대한 길이의 비를 $\sqrt{2}$로 택하면 계속 반으로 잘라도 이 비는 항상 유지된다. 따라서 A4용지의 폭에 대한 길이의 비는 $\sqrt{2}$의 근사값인 1.414이다.

그렇다면 왜 하필 297mm×210mm일까?

A4용지를 만드는 데 사용되는 전지인 A0는 1189mm×841mm로, 넓이는 1m²의 근사값인 999949mm²이다.

즉 전지 A0는 넓이가 1m²이면서 길이의 비가 $\sqrt{2}$인 종이이다.

이것을 차례로 절반씩 자르면 A1, A2, A3, A4 등이 만들어진다.

B4를 만드는 원리도 같다. B4의 전지인 B0는 넓이가 1.5m^{2}이고 길이의 비가 $\sqrt{2}$ 이며 규격은 1456mm × 1030mm이다.

이것을 차례로 절반씩 잘라나가면 B1, B2, B3, B4, B5 등이 만들어진다.

또 A판과 B판의 모든 용지는 서로 닮은꼴(A0와 B0의 닮음비는 $\sqrt{1.5}$)이기 때문에 적절한 비율로 확대하거나 축소해서 다른 용지에 복사할 수 있다는 이점도 있다.

이같이 좀처럼 실감나지 않는 수인 $\sqrt{2}$와 같은 무리수도 우리 생활에 아주 가까이 있다.

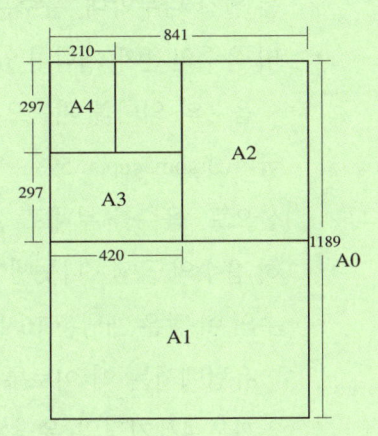

4) 음수 – 그늘 속의 수

오늘날 우리는 데카르트가 고안해 낸 방법대로 모든 실수를 수직선 위에 나타내고 있다.

그런데 이 중의 절반인 음수가 완전한 수로서 인정을 받게 된 것은 불과 400여 년 전의 일이다.

물론 중국의 『구장산술』에는 오래 전부터 음수를 사용한 기록이 남아 있기는 하나 그 의미를 확실히 알고 썼다고 보기는 어렵다. 여하튼 중국에서는 3세기경에 이미 류호이라는 사람이 양수는 빨간 나무막대, 음수는 검은 나무막대로 구별했을 정도로 이미 음수의 존재 개념이 있었던 듯하다.

음수의 의미를 처음으로 설명한 사람은 인도의 승려 브라마굽타(Brahmagupta: 598~ ?)인데 그는 이미 7세기경에 양수를 자산으로, 음수를 부채로 설명하였다. 인도에서는 이후로도 꾸준히 음수의 곱셈·나눗셈에 관한 계산 법칙 등을 발전시켰다. 음수의 이 같은 개념은 16세기에 이르러서야 유럽에 소개되었다.

유럽에서는 왜 이토록 오랫동안 음수를 인정하지 않았던 것일까? 4세기경의 유명한 대수학자 디오판토스조차도 음수를 방정식의 해로 인정하지 않았고, 인도의 수학자 바스카라(Bhaskara: 1145~1185) 역시 마찬가지였다.

그것은 아마도 음수는 눈에 보이는 수가 아닌 상상의 수라는 관념 때문이었을 것이다. 정확성을 중시하는 수학에서 이런 허황된 수를 다룰 수 없다는 생각이었던 듯하다.

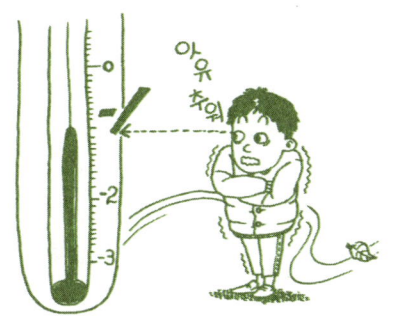

그러나 양수를 자산으로, 음수를 부채로 생각하는 방법은 놀라울 만큼 실용적이었다. 그리고 영상의 온도를 양수, 영하의 온도를 음수로, 지하의 깊이를 음수로, 동쪽을 양, 서쪽을 음으로 나타낸다면 얼마나 편리한가.

이처럼 음수의 실용성이 인정받게 되자 17세기경부터 음수는 수로서 확고한 위치를 차지하게 되었다. 이로써 실수의 체계가 비로소 완성되었다.

5) 허수

제곱해서 2가 되는 유리수가 있을까, 즉 $x^2 = 2$가 되는 수는 어떤 수인지를 생각하다가 사람들은 무리수의 존재를 알게 되었다. 그렇다면 제곱해서 -1이 되는 실수는 있을까?

$x^2 = -1$을 만족시키는 x는 어떤 수일까?

허수는 바로 이 식으로부터 나타나게 되었다.

우선 $x^2 = -1$ 이라는 식에서 $x = \pm\sqrt{-1}$ 로 나타낼 수 있다. 이수를 수직선 위에서 생각해 보자.

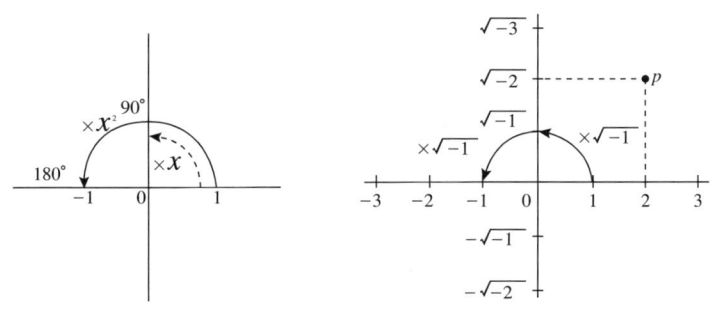

1에서 -1로 위치가 변하는 것을 $180°$ 회전으로 생각한다면, $x^2 = -1$은 두 번 회전하여 -1이 되는 것이므로 결국 x를 곱하는 것은 $90°$ 회전으로 생각할 수 있다.

$x^2 = -1$이 되는 x, 즉 $\sqrt{-1}$ 을 $90°$ 회전으로 생각한다면 위의 그림처럼 세로축에도 수직선이 생기고 이 세로축에는 $\sqrt{-1}$ 처럼 제곱해서 음수가 되는 숫자들이 $\sqrt{-2}$, $\sqrt{-3}$ 과 같이 차례로 자리를 잡게 된다. 바로 이런 숫자들을 데카르트는 '허수', 즉 '가상의 수'라고 불렀다.

천재 수학자 가우스(Gauss: 1777~1855)는 더욱 깊은 연구 끝에 위의 그림에서 P와 같은 점을 $2 + \sqrt{-2}$ 로 나타내기로 하였다. 그리고 실수와 허수를 통틀어 **복소수**(complex number)라고 이름붙였다.

수학자 오일러(Leonhard Euler: 1707~1983)는 $\sqrt{-1}$ 을 간단히 i라는 기호로 나타내었는

가우스 19세기가 낳은 최대의 수학자. 그가 아주 어린 나이에 1에서 100까지의 자연수 합을 구한 얘기는 유명하다.

데 이것은 '가상의'라는 뜻을 지닌 영어 단어 'imaginary'의 첫 스펠링에서 따온 것이다.

정리해 보면 복소수는 a, b가 실수일 때

$$a+bi$$

꼴의 수이다. 여기에서 a를 실수 부분(real part), b를 허수 부분(imaginary part)이라 하는데, 특히 b=0이면 실수가 된다. 앞서 말한 것처럼 가우

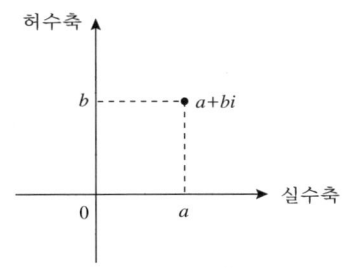

스는 복소수를 이차원 평면 위의 한 점으로 생각하여 모든 복소수를 평면 위의 점으로 나타낼 수 있게 시각화하였다. 이런 평면을 **복소평면**(complex plain)이라 한다.

여기에서 원점으로부터의 거리가 1인 점($|Z|=1$)을 구해 보면 중심이 원점이고 반지름이 1인 원 위의 모든 점이 된다.

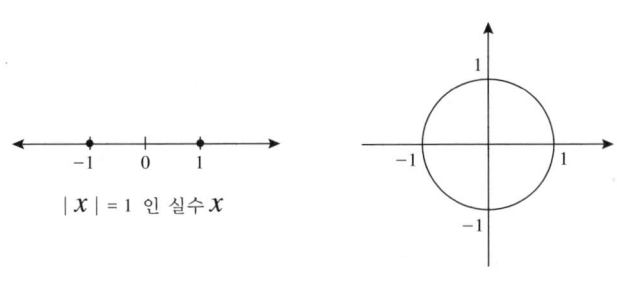

$|X|=1$ 인 실수 X

$|Z|=1$ 인 복소수 Z

복소수의 사용은 미적분학의 발전을 가져왔고 20세기 들어서 전기공학, 양자역학, 유체역학 등의 영역에서 필수 요소가 되었다.

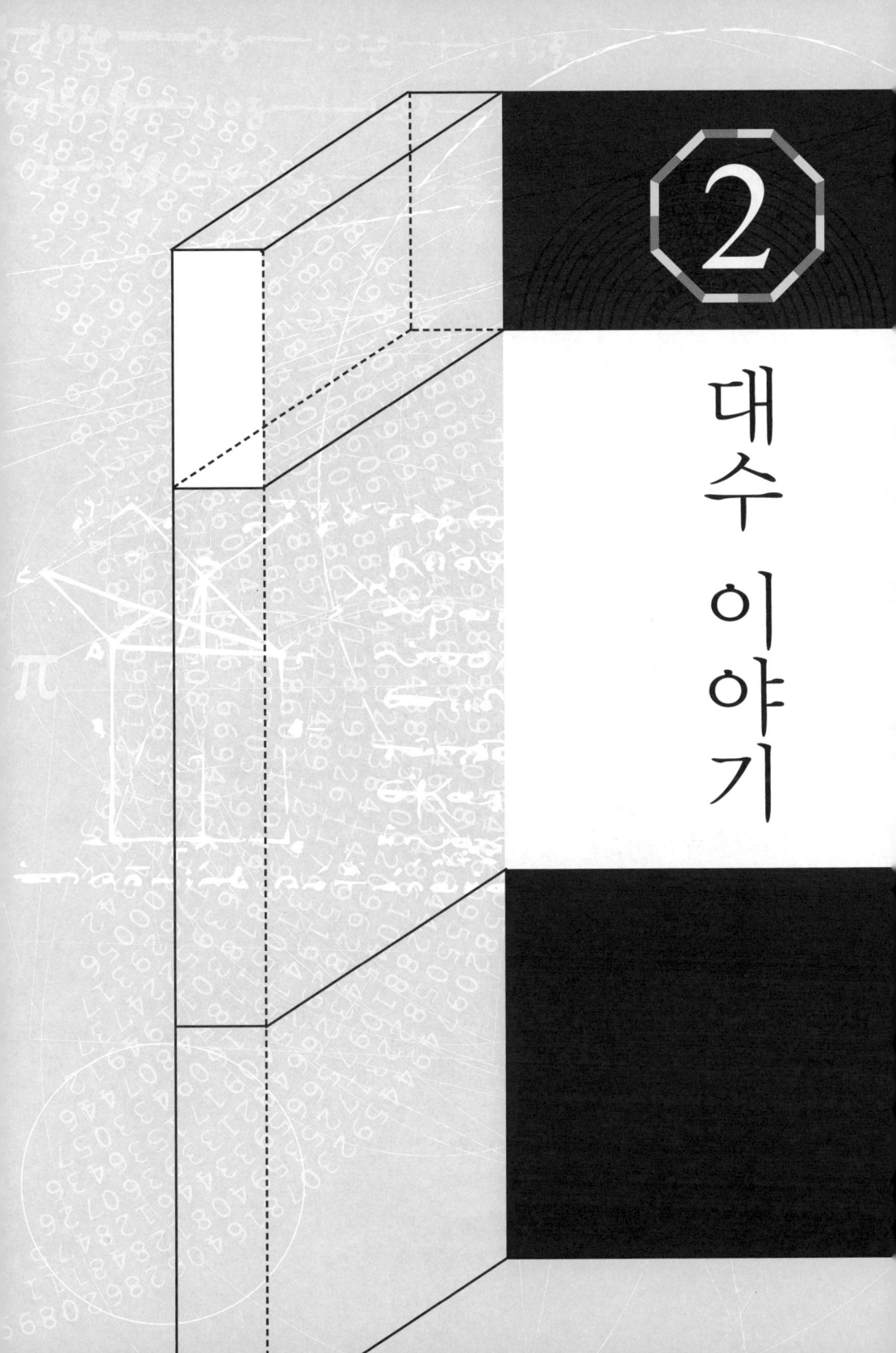

2

대
수
이
야
기

1 대수의 시초

1) 수의 계산

우리는 앞에서 인간이 맨 처음 어떻게 수를 세기 시작했으며 그것들을 어떤 식으로 표기하게 되었는가에 대해 얘기했다. 세어야 할 수가 적을 때는 몇 가지 기호만으로도 표기가 가능했지만 점점 대상이 늘어남에 따라 많은 기호를 사용해야 하는 것이 불편했기 때문에 기수법을 탄생시켰다는 것도 알았다.

그러나 단지 수를 세고 기록하는 것만으로 모든 문제가 해결되었을까?

30마리의 양을 가진 사람이 1년 동안 열일곱 마리의 새끼양을 얻었다면 그는 모두 몇 마리의 양을 가지고 있다고 기록할 것인가? 그리고 400가마의 밀을 수확한 사람은 스무 가마씩 저장할 수 있는 창고를 몇 개나 지어야 할까?

또 오른쪽 그림과 같은 모양의 땅을 가진 사람이 있는데 어느 해

에 홍수로 그 땅의 경계가 없어졌다면 그는 어떻게 하면 처음과 같은 면적으로 새로 자기 땅의 경계를 정할 것인가? 또 극심한 가뭄으로 농작물을 전년도의 60%밖에 수확하지 못한 농가의 세금은 얼마로 해야 적당한가?

이처럼 일상에서 부딪히는 문제를 해결하기 위해서 사람들은 산수를 잘 해야 했다. 그러나 산수는 저절로 알게 되는 것이 아니므로 많은 연습을 필요로 한다.

처음에 사람들은 주로 실제 생활에 필요한 문제들을 가지고 연습을 했지만, 나중에는 연습 자체를 위한 비실제적인 문제를 풀기도 했다.

예를 들어 '한 사람이 하루에 폭 1m, 길이 2m의 길을 닦을 수 있다고 할 때 폭 10cm, 길이 100m의 길을 하루에 닦으려면 인부 몇 명이 필요한가?'라는 문제가 있다고 하자.

한 사람이 하루에 닦는 길의 면적은 $1 \times 2 = 2(\text{m}^2)$이므로 폭이 10cm인 길은 20m 닦을 수 있다. 그러므로 100m의 길을 닦기 위해서는 5명의 인부가 필요하다.

계산은 간단하고 답도 명확하지만 실제로 폭이 10cm인 길은 없다.

우리도 초등학교에서 먼저 수를 세고 읽고 쓰는 법을 배운 후 다음과 같은 문제를 통해서 덧셈, **뺄셈**, 곱셈, 나눗셈을 연습하였다.

● 다음 그림에서 위의 두 수를 차례대로 더하면 마지막에는 어떤 수가 될까요?

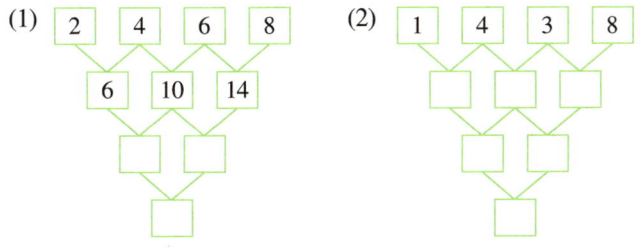

● 다음과 같은 방식으로 깡통을 쌓으려고 합니다. 맨 아래의 깡통이 7개일 때, 쌓은 전체 깡통의 수는 모두 몇 개입니까?

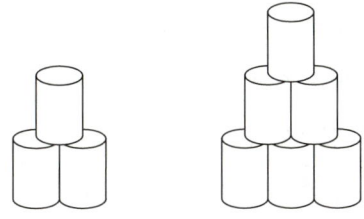

● 전깃줄에 제비가 43마리 앉아 있습니다. 그 중에서 17마리가 날아가고 5마리가 날아왔습니다. 지금 전깃줄에 앉아 있는 제비는 몇 마리입니까?

● 다음 보기와 같이 △ 안의 수에서 □ 안의 수에 이르는 길을 찾아 보시오.

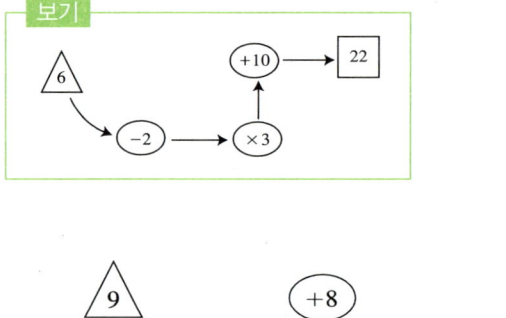

우리는 이처럼 초등학교에서 자연수, 정수, 분수, 소수의 덧셈, 뺄셈, 곱셈, 나눗셈을 익혔지만, 이것들만 가지고는 해결되지 않는 문제들도 많다는 것을 알고 있다.

그리하여 단순히 수를 계산하는 것만으로는 너무 어렵거나 풀리지 않는 문제들을 좀더 쉬운 방법으로 해결해 보려는 노력으로부터 바로 '수학'은 싹이 터 가는 것이다.

더하기, 빼기, 곱하기, 나누기 대부분의 사람들에게 너무 쉬운 것처럼 보인다. 그렇다면 다음 문제를 한번 풀어보자.

□ 안에 +, −, ×, ÷ 중 적당한 기호를 넣어서 등식이 성립되도록 만들어보자.

$$4 \square 4 \square 4 \square 4 = 1$$
$$4 \square 4 \square 4 \square 4 = 2$$
$$(4 \square 4 \square 4) \square 4 = 3$$
$$(4 \square 4) \square 4 \square 4 = 4$$
$$(4 \square 4 \square 4) \square 4 = 5$$
$$(4 \square 4) \square 4 \square 4 = 6$$
$$4 \square 4 \square 4 \square 4 = 7$$
$$4 \square 4 \square 4 \square 4 = 8$$
$$4 \square 4 \square 4 \square 4 = 9$$

시간이 얼마나 걸리느냐의 차이는 있지만 한참 생각하면 누구나 해결할 수 있을 것이다.

2) 문자를 사용하지 않고 푼 문제들

이집트의 파피루스 중에서 승려 아메스가 남긴 파피루스에는 수학 문제가 많이 나와 있다.

그 중 '아하 문제'라는 것이 있는데 '아하'란 알지 못하는 값을 말한다.

아하와 아하의 $\frac{1}{7}$ 의 합이 19일 때, 아하를 구하라.

여러분에게 위의 문제를 주면 얼른 '구하는 수를 x로 놓으면 되지'하면서 계산을 시작할 것이다. 그러나 만약 미지수를 x라는 문자로 나타내는 방법을 모른다면 어떻게 풀어야 할까?

그러므로 이 문제는 중학교 1학년 학생에게는 아주 기초적인 문제일지 몰라도 초등학교 6학년 학생에게는 난감한 문제다.

이집트 인들 역시 지금의 초등학생들처럼 미지수를 문자로 나타내는 방법을 몰랐다. 하지만 그들은 대신 '가정법'이라는 독특한 방법으로 이 문제를 해결하였다.

먼저 답을 7이라고 가정하자.

7을 '아하'의 자리에 놓으면 $7 + 7 \times \dfrac{1}{7} = 8$이 된다. 원하는 값은 8이 아니라 19이므로 8을 19로 만들기 위해서 $2, \dfrac{1}{4}, \dfrac{1}{8}$ 배를 해야 한다.

$$8 \times \boxed{2} + 8 \times \boxed{\dfrac{1}{4}} + 8 \times \boxed{\dfrac{1}{8}} = 16 + 2 + 1 = 19$$

따라서 7의 $2, \boxed{\dfrac{1}{4}}, \boxed{\dfrac{1}{8}}$ 배가 답이 된다.

$$7 \times \boxed{2} + 7 \times \boxed{\dfrac{1}{4}} + 7 \times \boxed{\dfrac{1}{8}} = 14 + \dfrac{7}{4} + \dfrac{7}{8} = \dfrac{133}{8}$$

그러나 파피루스에 적혀 있는 계산식은 이와는 다르다.

$7 = 1 + 2 + 4$이므로 1, 2, 4에 각각 $2, \dfrac{1}{4}, \dfrac{1}{8}$ 배를 해서 더하면 다음과 같다.

$$(1 \times \boxed{2} + 1 \times \boxed{\dfrac{1}{4}} + 1 \times \boxed{\dfrac{1}{8}}) +$$
$$(2 \times \boxed{2} + 2 \times \boxed{\dfrac{1}{4}} + 2 \times \boxed{\dfrac{1}{8}}) +$$
$$(4 \times \boxed{2} + 4 \times \boxed{\dfrac{1}{4}} + 4 \times \boxed{\dfrac{1}{8}}) +$$
$$= (2 + \dfrac{1}{4} + \dfrac{1}{8}) + (4 + \dfrac{1}{2} + \dfrac{1}{4}) + (8 + 1 + \dfrac{1}{2})$$
$$= 16 + \dfrac{1}{2} + \dfrac{1}{8} = \dfrac{133}{8}$$

쉬운 계산을 이처럼 복잡하게 풀었던 이유는 앞에서 이야기한 것처럼 이집트 사람들은 분자가 1인 단위 분수밖에 사용하지 않았기 때문이다. 이집트의 파피루스에는 다음과 같은 이차방정식도 있다.

두 정사각형의 변의 비가 $1 : \dfrac{3}{4}$이고 면적의 합이 100이 되게 하라.

x, y라는 문자를 사용하지 않고 이 문제를 풀어야 한다면 여러분은 어떻게 할 것인가?

이집트 인들은 이러한 이차방정식도 가정법을 사용해서 풀었다. 먼저 하나의 정사각형의 한 변의 길이를 1이라고 가정하면 다른 정사각형의 한 변의 길이는 $\frac{3}{4}$이다. 면적의 합을 구해 보자.

$$1^2 + (\frac{3}{4})^2 = 1 + \frac{9}{16} = \frac{25}{16} = (\frac{5}{4})^2$$

이것은 한 변의 길이가 $\frac{5}{4}$인 정사각형의 면적과 같고, 문제에서 요구하는 $100 = 10^2$이므로 이제 $\frac{5}{4}$를 10이 되게 하면 된다.

$$10 \div \frac{5}{4} = 8$$

그러므로 구하는 답은 두 정사각형의 변의 길이에 각각 8배한 값, $1 \times 8 = 8$과 $\frac{3}{4} \times 8 = 6$이다.

다소 복잡하긴 하지만 문제를 해결하는 지혜가 놀라울 따름이다.

이집트뿐만 아니라 동양에서도 문자를 사용하지 않고 계산을 한 예를 찾아볼 수 있다. 옛날 중국의 수학책인 『손자산경』에는 이런 문제가 나와 있다.

꿩과 토끼가 한 바구니에 들어 있다. 위를 보니 머리가 35개이고, 아래를 보니 발이 94개이다. 꿩과 토끼는 각각 몇 마리인가?

꿩의 수를 x, 토끼의 수를 y로 놓고 식을 세우면 간단하겠지만 당시에는 문자를 쓸 줄 몰랐다. 이들이 어떻게 답을 구했는지 『손자산경』을 살펴보자.

① 발의 수(94)를 반으로 해라.
② 그것에서 머리의 수(35)를 빼라(이것이 토끼의 수이다).
③ ②를 머리의 수에서 빼라(이것이 꿩의 수이다).

얼른 이해가 가는가?
그렇지 않다면 차근차근 풀어 보기로 하자.
꿩은 다리가 둘이고 토끼는 넷이다. ①에서 발의 수를 반으로 하라는 것은, 꿩의 다리는 2개를 1묶음으로 하여 1개로 세고 토끼 다리는 2개를 1묶음으로 하여 2개로 계산하겠다는 뜻이다.

즉 94÷2＝47은 꿩의 다리를 1개로, 토끼의 다리는 2개로 하여 센 합계이다.

그런데 머리의 수가 35라 했다. 꿩과 토끼는 모두 머리가 1개씩이므로 35는 꿩과 토끼를 1번씩만 센 숫자이다.

그렇다면 47－35＝12는 무얼 뜻할까?

그것은 당연히 토끼의 수를 나타낸다. 즉 토끼는 12마리이다. 그러면 꿩은 35－12＝23, 23마리가 되는 것이다.

얼마나 절묘한 방법인가?

그렇지만 모든 문제가 이처럼 절묘하게 풀리진 않았을 것이다. 또 이런 방법을 생각해 낼 수 있을 만큼 아이큐가 높지 않은 보통 사람들은 수학 문제만 보면 진저리를 쳤으리라.

하지만 우리는 중학교 1학년 과정만 배우면 앞의 문제들을 쉽게 풀 수 있다. 그 비법이 바로 x라는 문자에 있다는 것은 이제 누구나 알 것이다. 그리고 이러한 x나 y를 사용하는 것으로부터 단순한 계산과 수학의 한 분야인 대수가 나뉘게 된다.

그렇다면 골치 아픈 수학 문제를 푸는 데 이처럼 문자를 이용하는 획기적인 방법을 처음 생각해낸 이는 과연 누구일까?

3) 죽은 후에도 수학을 강의하는 수학자

많은 사람들이 묻혀 있는 공원묘지에 가면 잘 단장된 비석들이 줄지어 서 있는 것을 볼 수 있다. 대부분의 비석은 앞쪽에는 묻힌 사람의 이름을, 뒤쪽에는 사망한 날짜를 적는다. 그런가 하면 가족이나 친구들이 죽은 사람을 그리며 명복을 비는 글귀를 새겨놓은 묘비도 있다. 그 가운데 어떤 것은 애절한 마음이 그대로 드러나 보는 이의 가슴을 아프게 하기도 하고, 어떤 것은 묻혀 있는 사람의 생애를 짐작케 한다. 혹시 여러분도 자신의 묘비에 멋진 글을 남기고 싶지는 않은가?

여기 묘비명 하나를 소개한다.

살아 생전에 수학을 연구했으며 죽은 후에도 수학을 말하고 싶어하고, 후손들이 수학을 공부하기를 원했던 진짜 수학자, 디오판토스의 묘비명이다.

"보라! 여기에 디오판토스의 일생에 관한 기록이 있다. 일생의 6분의 1은 청년이었다. 12분의 1 후에 수염이 자랐고 다시 7분의 1이 지나자 결혼하였다. 5년 후에 낳은 아들은 아버지 나이의 절반을 살았고, 그 아버지는 아들이 죽은 지 4년 만에 세상을 떠났다. 그가 몇 살까지 살았는가를 구해 보라."

이제는 이집트 인들의 가정법을 쓰거나 중국인들이 생각해

낸 절묘한 방법으로 풀기 위해 애쓸 필요는 없다. 모르는 수를 x로 놓고 문제를 풀 수 있기 때문이다. 이 방법을 최초로 제안한 사람이 바로 이 묘비의 주인인 디오판토스이다.

디오판토스의 나이를 x라 하고 식을 세우면 다음과 같다.

$$\frac{x}{6}+\frac{x}{12}+\frac{x}{7}+5+\frac{x}{2}+4=x$$

$$x=84$$

그는 이 84년을 헛되이 살지 않았다. 이전까지 그 누구도 생각해 내지 못했던 것, 즉 양이나 셈을 나타내는 데 문자를 사용하는 방법을 고안해 낸 것이다. 그가 살았던 그리스 시대에는 주로 기하학이 연구되었고 산수와 대수는 아직 분리되지 않은 상태였다.

그러나 그가 문자를 도입함으로써 대수는 산수로부터 확실하게 구분되어 나오게 되었다. 두 학문의 가장 큰 차이점은 바로 문자의 사용 여부이다(또 하나는 음수를 수로 인정하느냐 하는 점이다).

어쨌든 디오판토스의 이러한 공로와 수학에 대한 열정을 문제 하나로 대신한 그의 묘비명은 참으로 멋진 생각이 아닐 수 없다.

2　문자 사용의 의의

1) 최초의 미지수

앞절에서 우리는 수학 문제로 묘비명을 대신한 디오판토스의 이야기를 했다. 그는 수학식에 처음으로 문자를 도입한 공로로 오늘날 '대수학(代數學)의 아버지'라 불린다. 대수란 말 그대로 '숫자를 대신한다'는 뜻이다. 디오판토스는 미지수를 처음으로 문자화하여 '어떤 수'라는 말 대신에 ξ라는 문자를 사용했다. 이 것이 오늘날의 x에 해당하는 최초의 문자인 셈이다. 마찬가지로 x^2에 해당하는 문자로 Δ^T를 사용했다.

그러면 당시의 예를 하나 보도록 하자. 그리스에서는 숫자 1, 2, 3을 각각 $\alpha,\ \beta,\ \gamma$ 로 나타냈으므로 $2x^2+3x+1$은 $\Delta^T\beta\xi\gamma\alpha$로 표기했다.

당시에는 '+' 기호가 없었으므로 그냥 연이어 쓴 것이다.

알파벳과 숫자가 분리되지 않고, 또 Δ^T가 ξ의 제곱임이 시각적으로 드러나지 않아서 애써 기억해야 하는 번거로움이 있지만 당시로서는 획기적인 방법이었다.

2) 기호가 없다면

지금은 수학을 배우는 초보 단계에서부터 문자를 많이 접한다. 중학교 1학년만 되면 x라든가 x^2, x^3 등의 기호를 배우고 곧 익숙해져서 새삼스럽게 문자의 편리함과 고마움을 느끼지는 않는다. 사실 고맙기는커녕 오히려 귀찮고 지겨울 때가 많을 것이다. 점점 더 깊이 배울수록 복잡하고 생소한 기호들이 등장하여 수학을 더 어렵게 만드는 것 같기 때문이다.

그러나 이런 문자 혹은 기호가 없는 경우를 생각해 보라.

수학을 벗어난 일상생활에서도 우리가 사용하고 있는 기호는 엄청나게 많다. 각 나라의 말도 일종의 기호라 할 수 있고, 거리의 교통 표지판, 지도상의 특정 표시나 음악의 악보에 이르기까지 모두 약속한 기호들로 이루어져 있다. 그러니 만일 이것들이 없다면 얼마나 복잡하고 불편할까.

이는 수학에서도 마찬가지이다.

어떤 수를 두 번 곱한 수와 또 다른 수를 두 번 곱하고 어떤 수를 곱해서 3배한 수를 더한 것은 전혀 다른 수를 세 번 곱한 것의 2배와 같다.

라는 식을 적절히 표현해 줄 기호가 없다면? 풀이는커녕 이 문제를 생각하는 것 자체가 끔찍한 일일 것이다.

3) 문자를 사용하면

방금 살펴본 복잡한 문장,

어떤 수를 두 번 곱한 수와 또 다른 수를 두 번 곱하고 어떤 수를 곱해서 3배한 수를 더한 것은 전혀 다른 수를 세 번 곱한 것의 2배와 같다.

를 기호를 사용해서 나타내 보자. 어떤 수를 x, 다른 수를 y, 전혀 다른 수를 z로 놓으면

$$x^2 + 3xy^2 = 2z^3$$

이 된다.

얼마나 간단한가!

이처럼 기호 사용의 가장 큰 의의는 뭐니뭐니 해도 '복잡한 수식을 단순화할 수 있다'는 점에 있다. 그리고 이렇게 함으로써 문제의 의미를 명확히 할 수

있고 적절한 풀이법을 찾는 것이 쉬워진다.

🫛___ 수치 계산의 번거로움이 없어진다

기호 사용의 또 다른 의의는 수치 계산의 번거로움을 없앨 수 있다는 점이다. 다음의 재미있는 문제를 풀어 보자.

오늘이 서기 1990년 12월 25일이라 하고, 이를 한 줄로 배열해 보자. 그러면 8자리 수 19901225가 된다.

이 수를 3배하여 15를 더한 다음 그 답을 다시 3으로 나누어 보자. 다 되었으면 마지막으로 한 단계가 더 남아 있다. 여기에서 원래의 8자리 수를 빼라. 답은?

19901225×3의 단계에서부터 벌써 지겨워하는 사람이 많을 것이다. 계산기가 있다면야 몇 번의 단순한 수고로 답을 얻을 수 있겠지만, 종이와 연필만 가지고는 시간이 꽤 걸릴 것이다.

그러나 이렇게 생각해 보면 어떨까? 문제의 수 19901225를 a라는 문자로 바꿔 보자. 그리고 식을 세우면 다음과 같다.

$$(a \times 3 + 15) \div 3 - a$$

이 식은 누구에게도 어렵지 않을 것이다.

$$(a \times 3 + 15) \div 3 - a$$

$$= \frac{3a + 15}{3} - a$$

$$=a+5-a$$

$$=5$$

계산에 익숙한 사람이면 이 정도는 암산으로도 가능할 것이다.

게다가 또 하나의 중요한 사실도 발견할 수 있다. 답이 a의 값에 상관없이 5라는 점이다. 계산 과정에서 a가 소거되므로 결국 답은 5, 즉 문제의 날짜와 무관하게 구해지는 것이다. 이 점을 이용하면 어떤 날짜로든지 똑같은 문제를 내어 같은 답 5를 얻을 수 있게 된다.

문자를 이용한 계산은 이와 같이 수치 계산보다 빠르고, 문제 특유의 속성도 파악할 수 있는 장점을 지니고 있다.

✿___ '정리'를 효과적으로 표현할 수 있다

기호를 사용할 때 또 한 가지 좋은 점은 '정리'나 '법칙'을 효과적으로 표현할 수 있다는 것이다.

여러분이 잘 알고 있는 '실수의 덧셈에 대한 교환 법칙'을 나타내 보자.

$$1+2=2+1$$
$$3+4=4+3$$
$$\vdots$$
$$(-1)+(-2)=(-2)+(-1)$$
$$(-3)+(-4)=(-4)+(-3)$$
$$\vdots$$
$$\frac{1}{2}+\frac{1}{3}=\frac{1}{3}+\frac{1}{2}$$
$$\vdots$$
$$\sqrt{2}+\sqrt{3}=\sqrt{3}+\sqrt{2}$$
$$\vdots$$

이런 방법으로 실례를 일일이 다 나열하는 것은 번거로울 뿐 아니라 실제로 불가능하다. 실수는 무한하지 않은가?

그러나 문자를 사용하면 이를 다음과 같이 간결하고 명쾌하게 나타낼 수 있다.

a, b가 실수일 때 임의의 a, b사이에는 $a+b=b+a$의 관계가 성립하고, 이를 실수의 덧셈에 대한 교환 법칙이라고 한다.

이 외에도 우리가 '정리'라고 부르는 모든 수학적 공식들은 이와 같이 문자를 사용하여 효율적으로 표현하고 있다.

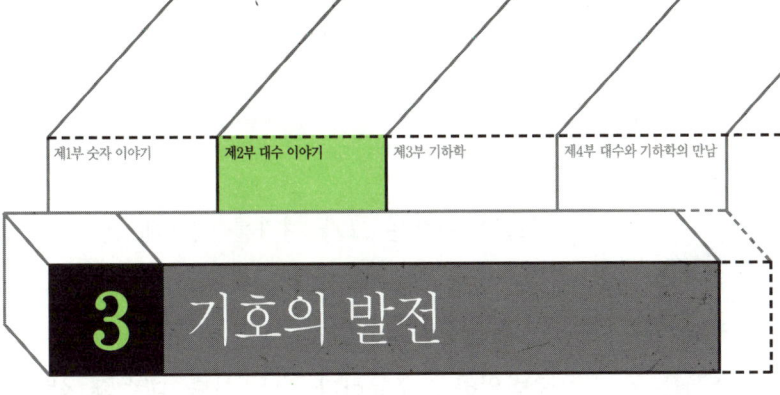

3 기호의 발전

16세기까지도 유럽의 대수학은 기호화에 있어서 디오판토스 이래 특별한 진전을 보지 못하고 있는 실정이었다. 그러던 중 15세기에 비잔틴 제국이 멸망하면서 많은 그리스 인들이 귀한 책들을 가지고 이탈리아로 망명을 했다. 그 덕에 16세기 르네상스를 맞이한 이탈리아에서는 여러 학문에 큰 발전이 있었다.

수학 역시 여러 분야에서 많은 연구가 행해졌는데, 수학사상 획기적인 발전을 가져온 '대수학의 기호화'도 바로 이때 이루어졌다.

1) 비에트의 기호

수학의 기호화를 이야기할 때 빼놓을 수 없는 대수학자가 있다. 르네상스가 꽃을 피운 16세기 후반의 대표적인 프랑스 수학자 비에트(Francois Viete : 1540~1603)이다.

그는 본래 수학자가 아니라 법률가이자 의회 의원이었다. 그

비에트

러므로 수학은 그가 여가를 이용해 즐기는 것이었다. 그러나 그가 이룬 수학상의 업적은 취미생활의 결과라고 믿기 어려울 만치 광범위하고 훌륭하다. 그는 산술, 대수학, 삼각법, 기하학 등에 걸쳐 고른 연구 성과를 남겼는데 그 중 가장 뛰어난 분야가 바로 대수학이다.

대수학에 관한 연구를 집대성한 비에트의 저작 『해석학 서설(In Artem Analyticem Isagoge)』은 8장으로 나뉘어 있는데 그 중 제3장에 그의 기호 이론이 상세히 나와 있다.

우선 그는 미지수는 물론 숫자 계수까지 문자 기호로 바꾸었다. 즉 미지수를 A, E, I, O, U, Y 등의 모음 대문자로 나타내고 숫자 계수는 B, D, G 등의 자음 대문자로 나타내었다.

또한 그는 각기 다른 형태의 기호로 나타내고 있던 거듭제곱을 같은 형태의 기호로 바꾸었다.

앞에서 알아본 대로 그리스의 수학자 디오판토스는 x를 ξ, x^2은 Δ^{T}로 나타냈는데 이것은 ξ와 Δ^{T}의 관계가 x와 x^2처럼 시각적으로 드러나지 않는 단점이 있다.

비에트는 이 점을 고려하여 x를 A로, x^2를 A quadratum, x^3을 A cubum으로 각각 표시했다. 이들을 줄여서 A, Aq, Ac로 나타내기도 했는데 이 기호들은 모두 시각적으로 A의 거듭제곱임을 쉽게 알 수 있는 장점을 지니고 있다.

비에트의 기호를 표로 나타내면 다음과 같다.

미 지 수	현대식 기호	숫자 계수	현대식 기호
A latus seu radix	x	B longitudo lati-tudove	a
A quadratum	x^2	B planum	a^2
A cubus	x^3	B solidum	a^3
A quadrato-quadratum	x^4	B plano-planum	a^4
A quadrato-cubus	x^5	B plano-solidum	a^5

비에트의 방법대로 식을 적어 보자.

그는 $A^3 + 5BA^2 \quad - \quad 2CA \quad = \quad D^3$ 를

A cub + B 5 in A quad − C plano 2 in A aequatur D solido

(단 B, C, D는 상수)로 나타냈다. 자세히 보면 '+'와 '−'는 사용하고 있으나 '='는 아직 사용하지 않고 대신 aequatur를 쓰고 있음을 알 수 있다.

지금까지 살펴본 대로 비에트의 방법은 수식에 간단한 알파벳을 사용하고, 숫자 계수까지 문자화한 점, 같은 문자의 거듭제곱을 같은 기호를 사용하여 시각적으로 나타냈다는 점에서 대수학의 기호화에 크게 공헌하였다.

그러나 단어를 그대로 사용하는 등 완전한 기호화가 이루어지지는 않아 표현이 길고 불편하다는 단점이 있었다.

2) 해리어트의 기호

비에트 이후로도 많은 수학자들이 더욱 편리한 기호를 개발하기 위해 노력을 아끼지 않았다. 그 대표적인 사람이 바로 해리어트(Thomas Harriot : 1560~1621)라는 영국의 측량기사 겸 수학자이다. 그는 단어로 표현하느라 식이 길어진 비에트의 방법을 보완하여 A quadratum 대신 AA, A cubum 대신 AAA를 사용했다.

이렇게 되자 비에트의 표현대로라면

A cub + B 5 in A quad − C plano 2 in A aequatur D solide

와 같은 식이,

$$AAA + 5BAA - 2CA = DDD$$

로 간단해졌다.

해리어트는 거듭제곱 기호 외에도 오늘날 우리가 사용하는 부등호 >, <를 고안하기도 했다.

3) 데카르트의 기호

이제 17세기의 위대한 철학자 데카르트(René Descartes : 1596~1650)의 업적을 알아보자.

데카르트는 철학과 수학, 자연과학 등 거의 모든 학문 분야에 지대한 공헌을 한 천재적인 학자다. 근세 수학사에서 그의 이름은 빛나는 존재로 기록되어 있다. 데카르트는 기호법을 완성하고 해석기하를 창시했는데 여기서는 그의 기호법에 대해서만 간단히 살펴보도록 하자.

데카르트는 미지수를 알파벳 소문자 x, y, z, 기지수는 소문자 a, b, c 등으로 나타냈다. 또 거듭제곱의 표기를 단순화하여 지수를 사용하였다. 즉 비에트가 A quadratum이라 쓴 것을 데카르트는 x^2으로 간단하게 표시했다.

16세기 이후의 기호법 발전을 요약해 보면 다음과 같다.

비에트…… A quadratum + B plano 3 in A aequatur Z solido 2

해리어트…… AA + 3BBA = 2ZZZ

데카르트…… $x^2 + 3a^2x = 2b^3$

보다시피 오늘날 우리가 쓰고 있는 방법이 바로 데카르트가 개량한 그대로다.

16, 17세기에 이르러서는 앞에서 알아본 것 이외에도 많은 기호들이 만들어졌다. 이 기호들에 힘입어 대수학 분야에도 많은 발전이 있었다. 이 시기에 만들어진 기호들은 다음과 같다.

기 호	연 대	만든 사람	기 호
+	13세기	레오나르도 피사노 (이탈리아)	'…과'라는 의미를 지닌 라틴어 et의 줄임.
−	1489	비트만(독일)	라틴어 minus의 약자 m̄에서 −만 따옴.
=	1557	로버트 레코드(영국)	당시에는 ══로 길게 표현.
× ~	1631	윌리엄 오트레드(영국)	산술과 대수를 논한 책 『수학의 열쇠』에서 처음 사용.
· (곱) :(비례)		크리스틴 볼프	:와 =를 섞어서 비례식을 만듦.
÷	1659	요한 하인리히 라안 (스위스)	10세기경의 책에 비슷한 표현이 나타남.
>, <		해리어트(영국)	
√	1525	크리스토프 루돌프, 미카엘 스티펠(독일)	근을 뜻하는 radix의 첫글자 변형.
( )	1629	지라르(프랑스)	
∞(무한대)	1655	존 월리스(영국)	1000을 나타내는 후기 로마의 기호에서 채택했다고 추측됨.

기 호	연 대	만든 사람	기 호
거듭제곱	9세기	알콰리즈미 (아라비아)	· 음수, 분수 지수는 1659 년 존 월리스가 처음 사 용함.
	16세기	시몬 스테빈 (벨기에)	· a^n, n은 모든 수와 같은 표현으로 뉴턴(영국)이 처음 사용함.
$(x^2, x^3, \cdots)$	17세기	해리어트(영국) 데카르트(프랑스)	

　결론적으로 대수학의 기호화는 4세기에 디오판토스가 단어를
생략한 약자식 부호를 수학식에 도입한 이래 5, 6세기를 거치면
서 인도－아라비아 숫자와 0이 발견되고, 많은 세월이 흐른 후
마침내 16, 17세기에 이르러 비에트, 해리어트 그리고 데카르트
에 의해 최종적으로 완성되었다고 볼 수 있다.

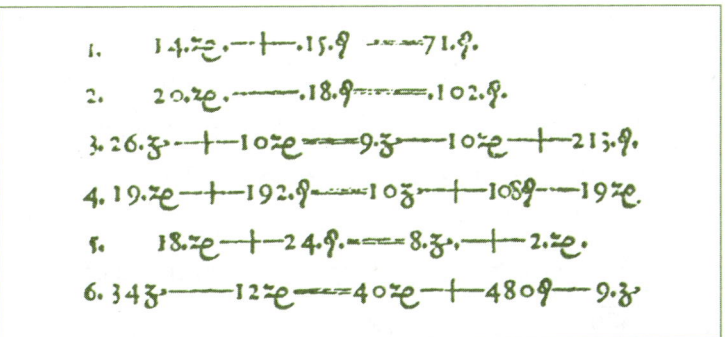

로버트 레코드(Robert Record:1510~1558)의 『지혜의 숯돌(The whetstone of Witte)』(1557)에 소개
되어 있는 +, −, =의 기호들

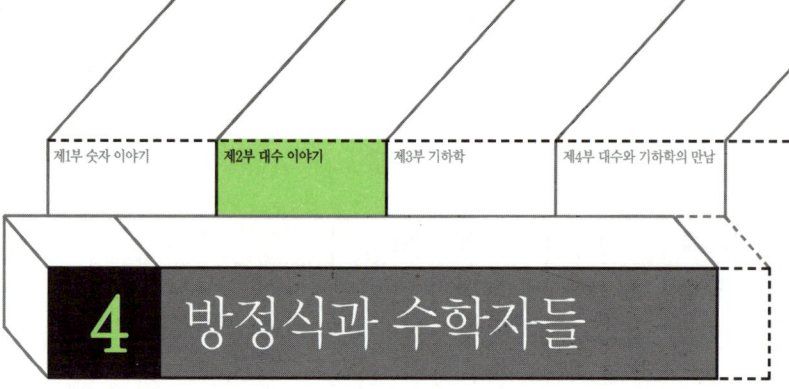

4　방정식과 수학자들

1) 일차방정식

___ 모르는 수가 하나일 때

상업이 발달했던 인도에서는 계산을 해야 할 일이 많았기 때문에 편리한 숫자가 필요했다. 그래서 만들어진 것이 인도─아라비아 숫자이며, 여기에 '0'까지 보태 완벽한 십진수가 되었다. 인도 사람들은 이 숫자들을 사용하여 지금 우리가 하는 것과 같은 덧셈, 뺄셈, 곱셈, 나눗셈을 자유자재로 하였다.

$$
\begin{array}{r} 237 \\ +169 \\ \hline 406 \end{array}
\qquad
\begin{array}{r} 62 \\ -35 \\ \hline 27 \end{array}
\qquad
\begin{array}{r} 34762 \\ \times\quad 4 \\ \hline 139048 \end{array}
\qquad
\begin{array}{l} 9)\,35678 \\ \ 3964\cdots 나머지\ 2 \end{array}
$$

이제 이런 문제를 생각해 보자.

어떤 수에 5를 더하니 8이 되었다. 그 수는 얼마인가?

이것은 너무 쉬운 문제여서 누구든지 금방 답이 3이라고 대답할 것이다. 이것을 체계적으로 풀어 보자.

구하는 어떤 수를 x로 놓으면,

$$x + 5 = 8$$

이라는 식을 얻을 수 있다.

우리가 구하는 것은 x이므로 왼편(좌변)에 x만 남기기 위해서는 5를 없애야 한다. 이 5는 더해져 있으므로 거꾸로 5를 빼면 없어질 것이다. 하지만 위의 식은 양쪽 변이 같다고 되어 있기 때문에 등식을 유지하기 위해서는 우변에서도 똑같이 5를 빼주어야 한다.

$$x + 5 = 8$$
$$x + 5 - 5 = 8 - 5$$
$$x = 3$$

이처럼 모르는 수를 문자로 대신해서 답을 구하는 방법은 매우 편리하다. 여기서부터 산수와 대수가 갈라진다는 사실은 앞에서도 설명하였다.

앞의 식을 다시 보자. 처음엔 $x+5=8$이었던 식이 $x=8-5$로 바뀌었다. 두 식을 잘 비교해 보면 위에서 좌변의 '더하기 5(+5)'였던 것이 아래쪽에서는 등호(=)의 오른편인 우변으로 옮겨지면서 '빼기 5(−5)'로 바뀐 것을 알 수 있다.

여기에서, 등호(=)를 중심으로 한 쪽에서 다른 쪽으로 넘어갈 때는 부호가 바뀐다는 것을 알 수 있다. 이것은 항을 옮기는 것이므로 '이항(移項)한다'라고 말한다.

다른 문제를 하나 더 풀어 보자.

어떤 수에서 3을 뺐더니 4가 되었다. 그 수는 얼마인가?

어떤 수를 x라 하면,

$$x-3=4$$

좌변의 '−3'을 우변으로 이항하면 '+3'이 되므로,

$$x=4+3$$

$$\therefore x=7$$

물론 이 과정에는 '등식의 양변에 같은 수를 더해도 등식은 성립한다'는 성질이 포함되어 있다.

또 하나의 문제를 보자.

어떤 수의 3배에 5를 더하면 14가 된다. 그 수는 얼마인가?

어떤 수를 x라 하면,

$$x \times 3 + 5 = 14$$

여기에서 '×' 기호는 보통 생략하고 쓰는데 이때 숫자를 문자 앞에 쓰는 것이 원칙이므로 $x \times 3$은 $3x$로 쓸 수 있다.

$$3x + 5 = 14$$

좌변의 5를 이항하면,

$$3x = 14 - 5$$

$$3x = 9$$

양변을 3으로 나누면(또는 $\frac{1}{3}$ 을 곱하면)

$$\therefore \ x = 3$$

인도의 유명한 수학자 브라마굽타가 628년에 쓴 책을 보면 그는 미지수를 문자로 나타내어 식을 만드는 방법을 사용하고 있다.

위와 같이 식을 정리했을 때

$$ax = b(a, b\text{는 상수}, a \neq 0)$$

의 형태가 되는 것을 'x에 관한 일차방정식'이라고 한다.

앞의 예에서 본 것처럼 일차방정식을 푸는 방법은 간단하다.

첫째, x항은 좌변으로, 상수항은 우변으로 보낸다.

둘째, x의 계수로 양변을 나눈다(이때 나누는 숫자가 0이 아니어야 한다).

이집트의 파피루스에 남아 있는 '아하 문제'를 다시 보자.

아하와 아하의 $\frac{1}{7}$ 의 합이 19일 때, 그 아하를 구하라.

모르는 수, '아하'를 x라 하면,

$$x + \frac{1}{7}x = 19$$

$$(1 + \frac{1}{7})x = 19$$

$$\frac{8}{7}x = 19$$

$$x = 19 \times \frac{7}{8} = \frac{133}{8}$$

이제 일차방정식은 거뜬하게 풀 수 있을 것이다.

하지만 이런 문제도 있다.

어떤 수의 a배에서 3을 뺐더니 2가 되었다. 어떤 수는 얼마인가?

어떤 수를 x라 하면,

$$ax - 3 = 2$$

$$ax = 5$$

x항을 좌변으로, 상수항을 우변으로 옮겼으므로 이제 x의 계수 a로 양변을 나누면 된다. 그런데 a라는 문자는 정해진 수가 아니므로 0이 될 수도 있다.

만약 $a = 0$이면 a로 나누는 것은 불가능하다. 식을 써 보면 $0 \times x = 5$이고 결국 우리가 찾는 x는 0을 곱해서 5가 되는 수이다. 그러나 어떤 수에 0을 곱해도 그 답이 0이 되므로, 그러한 x 는 존재하지 않는다. 이때를 **불능**이라고 한다.

$a \neq 0$이라면 물론 a로 양변을 나누어 $x = \dfrac{5}{a}$를 얻는다.

조금 더 응용된 문제도 있다.

$$a^2 x - a = x + 1$$

위 식은 x에 대한 일차방정식이므로 우선 x항들은 좌변으로, 상수항은 우변으로 옮겨야 한다.

$$a^2 x - x = 1 + a$$

$$(a^2 - 1)x = a + 1$$

$$(a + 1)(a - 1)x = a + 1$$

두 번째는 x의 계수, $(a+1)(a-1)$로 양변을 나누는 것이다. 이때 이 값이 0이어서는 안 된다는 사실을 잊지 말아야 한다.

$$(a+1)(a-1) \neq 0,$$

즉 $a \neq -1$, $a \neq 1$ 이면

$$x = \frac{a+1}{(a+1)(a-1)} = \frac{1}{a-1}$$

그러나 $a = -1$이거나 $a = 1$일 때도 있다.

$a = -1$이면,

$$0 \times x = 0$$

이 되고, 이때 x에는 어떠한 수를 넣어도 식이 성립한다. 그래서 모든 실수가 답이 되며 이런 경우를 **부정**이라고 한다. 만약

$a = 1$이면,

$$0 \times x = 2$$

가 되어 식을 만족시키는 x를 찾을 수 없으므로 '불능'이 된다.

이처럼 일차방정식은 근이 하나거나 아예 없거나, 무수히 많은 세 가지 경우로 나눌 수 있다. 그러니까 일차방정식에서 근이 2개 이상 존재한다는 것은 근이 무수히 많다는 말과 같다.

 ## 모르는 수가 둘일 때

그리스의 대표적인 수학자인 유클리드가 지은 『그리스 시화집』에는 다음과 같은 재미있는 문제가 있다.

노새와 당나귀가 터벅터벅
자루를 운반하고 있습니다.
너무도 짐이 무거워서
당나귀가 한탄하고 있습니다.
노새가 당나귀에게 말했습니다.
"연약한 소녀가 울 듯이
어째서 너는 한탄하고 있니?
네가 진 짐의 한 자루만
내 등에다 옮겨 놓으면
내 짐은 너의 배가 되는 걸.
내 짐 한 자루를
네 등에다 옮기면
나와 너는 같은 수가 되는 거다."
수학을 아는 사람들이여,
어서어서 가르쳐 주세요

당나귀의 짐이 몇 자루
인지를.

방정식을 배우기 전이
라면 대충 적당한 수를 넣
어 확인하겠지만, 이는 어
렵고 시간도 많이 걸린다.

그러나 이제 여러분들은 방정식을 배웠으니 금방 답을 구할 수
있을 것이다.

노새의 짐 수를 x자루, 당나귀의 짐 수를 y자루라 하면,

$$x+1=2(y-1)\cdots\cdots①$$

$$x-1=y+1\cdots\cdots②$$

이 된다.

이것은 앞의 문제와는 달리 미지수가 x, y 두 개이므로 **이원일
차연립방정식**이라고 부른다. 이 문제의 답을 구하는 방법 중 가
장 많이 쓰이는 두 가지를 알아보자.

우선 두 식을 정리해 보면,

$$x-2y=-3$$

$$x-y=2$$

가 된다.

위 식에서 아래 식을 빼면,

$$-y=-5$$

$$y=5$$

$y=5$를 두 식 중 아무 곳에나 대입하면 $x=7$을 얻는다.

즉 노새는 7자루, 당나귀는 5자루를 지고 가는 것이다.

이 방법은 두 식을 변변 빼는 것인데 계수에 따라서는 더해야 소거되는 것이 있으므로 이것을 **가감법**이라고 부른다.

두 번째 방법은 **대입법**이다.

②식을 변형하면, $x=y+2$이고

이것을 ①에 대입하면, $y+2+1=2y-2$이므로 $y=5$, $x=7$을 얻는다.

두 방법 중 어느 것을 쓰느냐 하는 것은 여러분 마음대로이다. 그러나 우리가 수학을 공부하는 목적이 답을 구하는 것뿐만 아니라 가능한 한 빨리 답을 내는 것(경제성)에도 있다는 사실을 감안한다면, 식을 보고 좀더 간편한 방법을 찾아야 할 것이다.

이런 문제가 있다.

$$x+2y=5 \cdots\cdots ①$$
$$4x+3y=7 \cdots\cdots ②$$

이 문제를 가감법을 이용해서 풀고자 한다면 x나 y의 계수를 맞추기 위해 ①식에 4를 곱해서 ②식을 빼거나, ①식에 3을 곱하고 ②식에 2를 곱해서 빼야 한다. 이것은 좀 번거롭다. 그러므로 이 경우는 가감법보다는 ①식에서 $x=5-2y$를 얻어 ②에 대입하는 것이 더 빠르다.

또 다른 문제를 보자.

$$3x+2y=7 \cdots\cdots ①$$
$$4x+3y=10 \cdots\cdots ②$$

만약 이 문제에 대입법을 쓰면, ①에서

$$2y = 7 - 3x$$

$$y = \frac{7 - 3x}{2}$$

를 얻어 ②에 대입해야 하는데 분수가 나와
서 계산이 까다로워진다. 이때는 계수를 맞
추어 더하거나 빼는 가감법이 훨씬 편하다.

이처럼 문제에 따라서 어떤 방법이 더 좋
은지는 그때그때 판단해야 한다.

이 두 방법이 결국은 두 개의 미지수 중
하나를 소거하려는 목적을 가지고 있다는
점에 유의한다면, 미지수가 세 개 이상인
문제도 같은 방법으로 해결할 수 있다.

🔖 『구장산술』의 방정식

중국의 수학책 가운데 하나인 『구장산술』에는 다음과 같이 미
지수가 2개인 일차연립방정식 문제가 나온다.

지금 상급벼가 7단 있다. 거기서 나오는 벼의 양을 1말 줄이
고, 여기에 하급벼 2단으로 채우면 벼의 양이 모두 10말이 된
다고 한다. 또 하급벼가 8단 있다. 거기에 벼 1말과 상급벼 2단
을 섞으면 벼가 모두 10말이 된다고 한다. 그렇다면 상급벼와
하급벼 1단에서 각각 얼마의 벼를 낼 수 있는가?

이 문제를 식으로 고치면 $\begin{cases} 7x+2y=11 \\ 2x+8y=9 \end{cases}$ 이다. 하지만 당시에는 x, y라는 미지수 없이 산목을 이용하여 그 계수와 상수항을 다음과 같이 세로로 나타냈다.

$\top$ (7)　　$\parallel$ (2)

$\parallel$ (2)　　$\overline{\top}$ (8)

$\mid$ (1)　　$\overline{\overline{\top}}$ (9)

산가지(산목)

산가지는 중국뿐만 아니라 우리나라에서도 쓰였다. 이것은 삼국시대 때 중국에서 들어와, 조선시대 말까지 2000년 동안 셈의 도구로 쓰였다. 대나무를 세모꼴의 막대 형태로 자른 것이 많고 그 길이에 따라 크기가 달랐다. 현재 국립민속박물관에 소장되

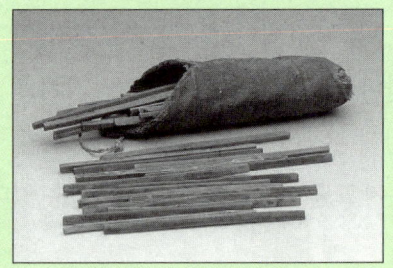

산가지

어 있는 것은 길이가 약 15cm이고, 한양대 박물관에 소장되어 있는 것은 약 11cm이다.

　그러면 산가지로 수를 표시해 보자.

1 $\mid$　　2 $\parallel$　　3 $\parallel\mid$　　4 $\parallel\parallel\mid$　　5 $\parallel\parallel\parallel$

6 $\top$　　7 $\overline{\top}$　　8 $\overline{\overline{\top}}$　　9 $\overline{\overline{\overline{\top}}}$

위에서 보는 것처럼 1에서 5까지는 수대로 막대를 늘어놓았다. 그리고 6부터는 5를 뜻하는 막대 하나를 가로로 놓은 후, 세로로 더 놓는 방법을 택했다.

그럼 10은 어떻게 표시했을까?

10의 자리는 산가지를 가로로 놓았다.

10	―	20	=	30	≡	40	≣	50	≣
60	T	70	⊥	80	⊥	90	≛		

다시 백의 자리는 1의 자리수와 같이 세로로 놓았고, 1000의 자리는 10의
자리수와 같이 가로로 놓아 각 자리의 수를 구분하였다.

100	I	200	II	300	III	1000	―	2000	=	3000	≡

또 우리 조상들은 0을 쓰진 않았지만 그 자리를 비워둔 것으로 보아 개념은
알고 있었다. 그리고 음수도 일찍부터 받아들여 마지막 자리에 산가지 하나를
비스듬히 올려놓아 표시했다.

몇 개의 수를 산가지로 나타내보면 다음과 같다.

36 ≡T   547 ‖‖‖≡T̈   8204 ⊥‖◌‖‖   −931 ‖‖‖≡⟍

산가지는 단순한 나무 막대지만, 우리 조상들은 이를 이용하여 덧셈, 뺄셈,
곱셈, 나눗셈 등 기본적인 계산은 물론이고 연립방정식 및 이차방정식뿐만 아
니라 삼, 사차 방정식과 같은 고차방정식도 풀었다.

또, 미지수가 3개인 문제도 있다.

상품 조 3다발, 중품 조 2다발, 하품 조 1다발에서 얻을 수 있는 좁쌀은 39말이다. 상품 조 2다발, 중품 조 3다발, 하품 조 1다발에서 얻을 수 있는 좁쌀은 34말, 그리고 상품 조 1다발, 중품 조 2다발, 하품 조 3다발에서 얻을 수 있는 좁쌀은 26말이다. 이때, 상·중·하의 조 1다발에서 얻을 수 있는 좁쌀은 각각 얼마인가?

답) 상품 : 9말과 4분의 1말
중품 : 4말과 4분의 1말
하품 : 2말과 4분의 3말

위의 문제에서 상품, 중품, 하품 1다발에서 얻을 수 있는 좁쌀의 수를 각각 x말, y말, z말이라고 하면

$$3x+2y+z=39$$
$$2x+3y+z=34$$
$$x+2y+3z=26$$

으로 나타낼 수 있다. 하지만 『구장산술』에서는 미지수로 표시하지 않고 산목을 이용하여 아래와 같이 나타내었다.

‖‖ (3)	‖ (2)		(1)
‖ (2)	‖‖ (3)	‖ (2)
	(1)		(1)	‖‖ (3)
☰‖‖‖ (39)	☰‖‖‖ (34)	＝丅 (26)

다음과 같은 문제를 보자.

　어떤 수를 두 번 곱한 수에서 어떤 수를 4배한 수를 뺀 후 3을 더했더니 0이 되었다. 어떤 수는 얼마인가?

　여기서 어떤 수를 x라 놓으면,

$$x^2 - 4x + 3 = 0$$

이라는 식이 나오는데 이것이 바로 **이차방정식**이다.

　이차방정식은 고대 이집트나 바빌로니아에서도 취급했으나 푸는 방법에 큰 변화가 있었던 것은 그리스 시대였다. 그러면 이런 변화를 가능하게 한 사람은 누굴까?

　바로 멋진 묘비의 주인공, 디오판토스이다. 당시 그리스 인들은 기하학을 논리적으로 엄밀하게 만드는 데 심혈을 기울였던 반면, 디오판토스는 기하가 아닌 대수 부분에 관심이 많았다. 그래서 그는 연구를 한 끝에 이차방정식 풀이에 문자를 도입하였다.

그냥 $x = \pm \sqrt{3}$이라고 하면 될텐데

$x^2 = 3$
양의 유리수가 근이 되게 고치야 말거얏.

디오판토스

그러나 그는 방정식의 근 중 양수인 유리수만을 받아들이고 그 밖의 근은 모두 무시하였다. 방정식이 양의 유리수 두 개를 근으로 가질 때조차도 그는 그 가운데 큰 것만을 택했으며, 두 개의 음수근이나 무리수근, 또는 허근을 가질 때는 해를 구할 수 없다고 하였다. 심지어 그는 무리수근이 나타나는 경우에 방정식을 어떻게 고쳐야 유리수근이 나오는 새 방정식을 얻을 수 있는가를 보여주기조차 했다.

한편 상업이 발달했던 인도 사람들은 일상 생활에서 원금과 이자 계산에 관련된 이차방정식을 늘 대하고 살았다. 그래서 그들은 이차방정식 풀이에 상당히 능숙했으며, 이차방정식을 풀면 해가 두 개 나온다는 사실도 알고 있었다. 다만 음수는 해로 인정하지 않았는데, 실제로 음수를 인정하기 시작한 것은 16세기 이후의 일이다.

아라비아 사람들은 인도 수학과 그리스 수학을 이어받아 발전시켰다. 그들은 세계 여러 나라를 돌아다니며 무역을 하였기 때문에 상업, 행정, 측량, 지도 제작법, 천문, 역법 등을 열심히 연구했고 그 기초가 되는 계산술과 방정식에 대한 이론을 발달시켰다.

그 중 가장 뛰어난 수학자는 알콰리즈미(Alkhwarizmi : 780~850)인데 그는 산수와 대수학에 관한 많은 책을 남겼다. 특히 『복원과 대비의 계산(al-gebr w′almugubala)』은 그 이름을 따서 오늘날 '대수학'을 '알지브라(algebra)'라 부를 만큼 유명한 책이다. 또한 규칙적인 계산 절차를 뜻하는 '알고리즘(algorithm)'은 그의 이름에서 비롯되었다.

그러면 그가 어떤 방법으로 이차방정
식을 풀었는지 한번 보도록 하자(물론 용
어와 기호는 현재 우리가 사용하는 것으로
바꾸었다).

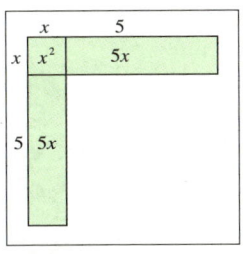

$$x^2 + 10x = 39$$

$$x^2 + 10x + 25 = 39 + 25$$

$$(x+5)^2 = 64$$

$$(x+5) = 8$$

$$\therefore \quad x = 3$$

이것은 근의 공식을 유도하는 것과 똑같은 방법이다. 위의 방
법으로 이차방정식 $x^2 + bx = c$를 풀면,

$$x = \frac{-b + \sqrt{b^2 + 4c}}{2}$$

를 얻는다. 이것은 바빌로니아 사람들이 푸는 방법과 동일한데,
현재 우리가 알고 있는 방법과는 차이가 있다. 위의 식에서

$$(x+5)^2 = 64$$

$$x + 5 = 8$$

로 넘어가는 부분이 의심쩍은 것은 당연하다. 우리는 제곱해서
64가 되는 수, 즉 64의 제곱근은 ±8이라고 알고 있기 때문이다.

위 문제를 우리의 방법으로 풀면,

$$x + 5 = \pm 8$$

$$x = 3 \text{ 또는 } x = -13$$

이 나온다. 그러나 앞서 이야기한 것처럼 이 당시에는 음수를 방정식의 해로 인정하지 않았고, 대수학자인 알콰리즈미조차 근이 양수인 이차방정식만을 다루었다.

오늘날은 음수가 방정식의 해로 인정될 뿐만 아니라 양수와 동등한 지위를 차지하고 있으므로 우리는 다음과 같은 방법으로 이차방정식의 해를 구한다.

$$ax^2 + bx + c = 0 (a \neq 0)$$

$$x^2 + \frac{b}{a}x + \frac{c}{a} = 0$$

$$(x + \frac{b}{2a})^2 - \frac{b^2}{4a^2} + \frac{c}{a} = 0$$

$$(x + \frac{b}{2a})^2 = \frac{b^2 - 4ac}{4a^2}$$

$$x + \frac{b}{2a} = \pm \frac{\sqrt{b^2 - 4ac}}{2a}$$

$$\therefore \quad x = \frac{-b \pm \sqrt{b^2 - 4ac}}{2a}$$

이 공식에 대입하기만 하면 어떠한 이차방정식도 쉽게 해를 구할 수 있다. 몇 개의 예를 들어보자.

① $4x^2 - 8x + 3 = 0$

$a = 4$, $b = -8$, $c = 3$ 이므로

$$x = \frac{8 \pm \sqrt{64 - 4 \cdot 4 \cdot 3}}{2 \cdot 4}$$

$$= \frac{8 \pm \sqrt{16}}{8}$$

$$= \frac{8 \pm 4}{8}$$

$$\frac{8+4}{8} = \frac{12}{8} = \frac{3}{2}, \quad \frac{8-4}{8} = \frac{4}{8} = \frac{1}{2}$$

$$\therefore \ x = \frac{3}{2}, \ \frac{1}{2}$$

실제로 위와 같은 식은 인수분해로 쉽게 풀 수 있다.

$$4x^2 + 8x + 3 = 0$$

$$(2x - 1)(2x - 3) = 0$$

$$x = \frac{3}{2}, \ \frac{1}{2}$$

② $x^2 + 2x + 1 = 0$

$a = 1$, $b = 2$, $c = 1$ 이므로

$$x = \frac{-2 \pm \sqrt{4 - 4 \cdot 1 \cdot 1}}{2 \cdot 1}$$

$$= \frac{-2}{2}$$

$$= -1$$

보다시피 근이 $x=-1$ 하나뿐이다. 이차방정식은 근이 2개이어야 하므로 이 경우는 2개의 근이 겹친 것으로 보아 (이)**중근**이라고 한다.

이때도 인수분해가 된다.

$$x^2+2x+1=0$$

$$(x+1)^2=0$$

$$x=-1 \ (중근)$$

② $x^2-x+1=0$

$a=1,\ b=-1,\ c=1$ 이므로

$$x=\frac{1\pm\sqrt{1-4\cdot1\cdot1}}{2\cdot1}$$

$$=\frac{1\pm\sqrt{-3}}{2}$$

$$=\frac{1\pm\sqrt{3}i}{2}$$

즉, $x=\dfrac{1+\sqrt{3}i}{2},\ \dfrac{1-\sqrt{3}i}{2}$

두 개의 근은 실수가 아닌 허수이며, 다시 살펴보면,

$$\frac{1}{2}+\frac{\sqrt{3}}{2}i,\ \frac{1}{2}-\frac{\sqrt{3}}{2}i$$

로 i가 있는 허수부의 부호만 서로 다름을 알 수 있다. 이처럼 $a+bi(b\neq0)$에 대하여 허수부의 부호가 다른 $a-bi$를 **켤레복소수**라고 하며, 실제로 계수가 실수인 방정식에서는 반드시 켤레복소수끼리 같이 근이 된다.

중국 사람들도 이차방정식을 다루고 있다.

『구장산술』에 나와 있는 한 문제를 살펴보자.

'네 변이 동서남북을 향한 정사각형의 성벽으로 둘러싸인 동네가 있다. 이 성벽 각 변의 중앙에 문이 있는데 북문을 나서서 북쪽으로 20보를 걸어가면 나무 한 그루가 있다. 그리고 남문을 나서서 남으로 14보를 나아간 곳으로부터 직각으로 구부러져서 서쪽으로 1775보를 가면 비로소 이 나무가 보인다. 성벽의 한 변 길이는 얼마일까?'

한 변의 길이를 x라 하면, $\dfrac{x}{2}$: $20=1775$: $x+34$이고 이것을 정리하면 $x^2+34x=7100$이라는 이차방정식이 된다.

중국 사람들은 앞서 배웠던 산목을 가지고 이 문제의 답을 구했다(그 방법은 너무 복잡하므로 여기서는 생략한다).

여기 오면
저 나무가
보인다 해.

20보

14보

1775보

3) 수학자와 사기꾼

이차방정식의 해를 구하는 방법을 알게 된 사람들은 자연스럽게 삼차방정식에 대해서도 관심을 갖게 되었다. 그러나 이차방정식에 대해서는 그토록 명석하던 인도 사람들도 삼차방정식의 해는 구하지 못했다.

인도의 수학자 바스카라(Bhaskara : 1145~1185)도 다음과 같은 특별한 경우의 해만 구하고 있다.

어떤 수의 세제곱에 그 수의 12배를 더하면 그 수의 제곱의 6배에 35를 더한 수와 같다. 교양 있는 사람들이여, 그 수가 얼마인지 말해 보시오.

어떤 수를 x라 하면
$$x^3 + 12x = 6x^2 + 35$$
$$x^3 - 6x^2 + 12x = 35$$
양변에 -8을 더하면,
$$x^3 - 6x^2 + 12x + (-8) = 35 + (-8)$$
$$x^3 - 3 \cdot x^2 \cdot 2 + 3 \cdot x \cdot 2^2 - 2^3 = 3^3$$
$$(x-2)^3 = 3^3$$
$$(\because \ [(a-b)^3 = a^3 - 3a^2b + 3ab^2 - b^3])$$
$$x - 2 = 3$$
$$\therefore \ x = 5$$

그러나 이런 특수한 문제의 해
결만으로는 사람들을 만족시키지
못했다. 상업이 발달한 인도에서
는 수시로 여러 가지 삼차방정식에
부딪칠 수밖에 없었기 때문이다.
다음의 문제를 보자.

원금 a원이 있다. 복리로 계산해
서 3년 후의 원리 합계가 c원이라
면, 연리는 얼마인가?

연리를 x라 하고 식을 세우면,
$$a(1+x)^3 = c$$
즉 $x^3 + 3x^2 + 3x + 1 = \dfrac{c}{a}$ 이다.

이러한 문제의 잦은 출현은 수학자들로 하여금 진지하게 삼
차방정식을 연구하도록 만들었다. 그러나 많은 사람들의 노력
에도 불구하고 15세기 말경까지도 그 해는 발견되지 않았다.

말 더듬는 수학자

16세기 초, 이탈리아의 브레시아라는 마을에 프랑스 군이 침
입하였다. 마을 사람들은 모두 교회 안으로 피했으나 군인들은
교회 안까지 들어와 죄없는 사람들을 마구 죽였다.

　이 와중에서 니콜로 폰타나(Nicolo Fontana)라는 여섯 살 난 꼬마는 아버지의 품에 안겨 구사일생으로 생명을 건졌다.

　그러나 그의 집안은 너무 가난하여 치료비를 마련할 길이 없었다. 그래서 그의 어머니는 자식의 상처를 혀로 핥아 주며 치료를 하였다. 하지만 어머니의 극진한 정성에도 불구하고, 니콜로는 끝내 턱의 상처 때문에 말을 더듬게 되었다. 그 후로 니콜로는 이름 대신에 '타르탈리아(Tartaglia : 1499~1577, 이탈리아 말로 '말 더듬는 사람'이라는 뜻)'로 불렸다.

　전쟁 때문에 아버지까지 잃은 타르탈리아는 학비가 없어 학교에 다닐 수 없었으나 공부를 포기하지 않고 친구의 헌 책을 빌려혼자서 공부를 했다. 종이를 살 돈조차 없었던 그는 아버지의 묘비에 돌멩이로 글씨를 쓰면서 공부를 했다고 한다. 이러한 피나는 노력 끝에 그는 30세가 되기도 전에 베니스의 수학 교수가 되었다.

　그 당시에는 수학 경기라는 것이 유행하였는데, 두 명의 수학자가 같은 수의 문제를 내고 정해진 기간 동안 누가 더 많이 푸는가를 겨루는 시합이었다. 이 경기에는 돈과 명예가 뒤따랐으므로 수학자들은 신중하게 경기에 임했다. 이때 주로 출제되었던 문제가 아직 미해결 상태에 있던 삼차방정식 문제였다.

타르탈리아

여러 수학 경기 중 가장 유명한 것은 1535년에 있었던 플로리도와 타르탈리아 간의 시합이었다. 당시 볼로냐 대학의 교수이면서 플로리도의 스승이었던 페로는 $x^3 + mx = n(m,\ n$은 양수)이라는 형태의 삼차방정식의 해법을 발견하였다. 그는 그것을 제자인 플로리도에게만 가르쳐 주고 세상을 떠났으므로 전 유럽에서 삼차방정식의 해법을 아는 사람은 플로리도 단 한 사람뿐이었다.

그러나 타르탈리아는 혼자 열심히 연구하여 마침내 시합 열흘 전에 $x^3 + mx = n$ 형태의 삼차방정식의 해법을 알아냈다. 경기는 모두 30문제를 50일 동안에 푸는 것이었는데, 타르탈리아는 두 시간 만에 모든 문제를 다 풀었고 플로리도는 한 문제도 풀지 못했다.

스스로 노력하여 얻은 것과 남에게서 손쉽게 얻은 것의 차이를 보여 주는 결과였다.

타르탈리아는 이 승리를 기념해 손수 시를 짓는 등 크게 기뻐했다고 한다. 그러나 그는 여기에서 만족하지 않고 계속 정진하여 마침내 1541년, 삼차방정식의 가장 일반적인 해법을 발견하였다. 많은 사람들이 그 해법을 알려고 몰려들었지만 그는 아무에게도 가르쳐 주지 않았고 세상에 발표하지도 않았다. 이는 당시의 풍조 때문이기도 했지만 훗날 그가 대수학에 관한 책을 쓸 때 가장 중요한 내용으로 그 해법을 소개하려고 했기 때문이다.

그러나 모든 일에는 적당한 시기가 있기 마련이다. 그는 많은 사람들이 알고 싶어하는 중요한 발견을 혼자서만 알고 있던 대가를 너무도 혹독하게 치르게 된다.

사기꾼 수학자

타르탈리아와 같은 시대에 밀라노에는 카르다노(Cardano : 1501~1576)라는 수학자가 있었다. 변호사의 사생아로 태어난 그의 본래 직업은 의사였다. 밀라노에 병원을 차린 후 수학에 취미를 붙이기 시작한 카르다노는 마침내 밀라노의 수학 교수가 되었다.

그러나 그는 별난 인물이어서 점성술을 연구하기도 하고, 도박을 즐기고 사기를 치기도 하였다. 특히 그는 대수학과 도박에 관심이 많아서 그 방면의 책을 쓰기도 했는데, 도박에 수학적 지식을 도입하여, 게임에 이길 확률을 계산하기도 하였다.

그는 타르탈리아가 삼차방정식의 해법을 발견했다는 얘길 듣고 타르탈리아에게 그 내용을 보여달라고 간청하였다. 마음 약한 타르탈리아는 다른 사람에게는 절대로 말하지 않겠다는 언약을 받은 후 카르타노에게 그 해법을 알려 주었다. 그러나 그것은 타르탈리아에게 일생 일대의 실수가 되고 말았다. 사람을 믿는 것은 좋으나 상대방이 믿을 만한 사람인지를 판단하는 것 또한 중요한 일인 것이다.

카르다노

카르다노는 야비하게도 약속을 어기고 제자인 페라리(Ferrari : 1522~1565)에게 삼차방정식의 해법을 가르쳐 주었을 뿐만 아니라, 『아르스 마그나』라는 책에 마치 자신이 그 해법을 발견한 것인양 발표하였다.

이리하여 삼차방정식의 해법이 세상에 알려지게 되었고 사람들은 그 발견자 카르다노(실은 타르탈리아가 발견했지만)를 기리기 위해 '카르다노의 해법'이라는 이름을 붙여 주었다.

이 소식을 접한 타르탈리아가 얼마나 화가 나고 기막혔을지는 능히 짐작할 수 있다. 크게 낙심하여 일할 의욕을 잃어버린 그는 당시 집필하고 있던 책을 10년이 지난 뒤에야 출판할 수 있었다. 그는 결국 자신이 알아낸 공식을 자기 손으로 발표하지 못하고 시름시름 앓다가 1559년, 54세를 일기로 세상을 떠나고 말았다.

지금도 그 해법은 '카르다노의 공식'으로 불리운다. 하지만 일생을 수학 연구에 전념하여 중요한 공식을 발견해 낸 타르탈리아와 비열한 카르다노를 알고 있는 우리라면 '타르탈리아의 공식'으로 바꿔 불러주자. 그것이 가슴에 한을 안은 채 일생을 마친 타르탈리아에 대한 위로가 되는 것이리라.

카르다노는 그 후 계속 명성이 높아져 나중에는 볼로냐 대학의 수학 교수가 되었다. 그러나 악인은 언젠가는 벌을 받게 되어 있는 모양이다. 그는 어울리지 않게 예수 그리스도에 관한 책을 쓰기도 했는데, 그 내용이 문제가 되어 감옥에 들어가게 되었다. 감옥에서 나온 후에는 아무도 그를 대접해 주지 않았다. 그제서야 카르다노는 자신의 지난날을 뉘우치게 되었고 속죄의 방법으로 자살을 택했다. 1576년의 일이었다.

이 세상에는 선과 악이 있고, 결국은 선이 이긴다고 믿는 우리는 남을 속이고 명성을 가로챈 카르다노가 결국 그 죄값을 치른 것은 당연한 일이라고 생각할 것이다. 그러나 그의 죽음에는 다른 설명도 있다.

점성술도 연구했던 카르다노는 점쟁이처럼 행세했다고 한다. 그는 진짜 미래를 내다볼 수 있는 것처럼 사람들에게 자기가 죽을 날을 예언했고 그 날이 되자 자살했다는 것이다. 결국 자신이 예언한 날짜에 죽긴 했다.

어쨌든 카르다노가 제 명을 다하지 못한 것은 사실이다. 그러나 한 사람의 평생에 걸친 노력과 수고를 한순간에 가로챈 죄에 대한 대가는 그것으로 끝나지 않았다.

카르다노의 제자인 페라리는 스승을 닮지 않고 성실하게 연구에 몰두하여 사차방정식의 해법을 알아냈으나, 쓰라린 배신의 아픔을 겪게 된다. 자신의 제자인 봄베리가 그 공적을 가로채 세상에 발표해 버린 것이다. 지금도 그 해법에는 봄베리의 이름이 붙어 있다. 한 사람의 잘못이 얼마나 많은 사람의 가슴에 깊은 상처를 남기는지에 대한 좋은 본보기가 될 것이다.

4) 수학사의 두 유성-아벨과 갈로아

우리는 앞에서 인도 사람들이 해결한 이차방정식과 이탈리아 수학자들이 해결한 삼·사차방정식에 대해 이야기하였다. 하지만 사람들의 호기심과 지적 탐구심은 여기에서 멈추지 않았다. 그 이후 수학자들의 관심이 오차방정식에 쏠린 것은 당연한 일이다.

많은 수학자들이 $ax^5+bx^4+cx^3+dx^2+ex+f=0(a \neq 0)$ 꼴의 오차방정식의 해를 구할 수 있는 일반적인 해법을 찾으려고 노력하였다. 그러나 16세기 말 사차방정식의 해법을 발견한 이래 200여 년이 더 지난 19세기 초까지도 반가운 소식은 들려오지 않았다.

가난과 질병에 쓰러진 천재

마침내 1824년, 22세의 젊은 수학자가 그 비밀을 밝혀냈으니 그가 바로 아벨(Abel : 1802~1829)이다.

아벨은 1802년 노르웨이에서 목사의 아들로 태어났다. 당시 노르웨이는 오랜 내전중이

아벨

어서 그의 집안 역시 고달픈 생활을 이어가고 있었다.

소년 아벨은 중학교 시절부터 수학에 흥미를 가지기 시작했는데, 너무 수학에만 몰두했기 때문에 다른 과목 선생님들에게는 평판이 좋지 않았다.

대학에 입학하던 18세 때 아벨은 그동안 줄곧 연구해 온 오차방정식의 해법을 발견했다고 생각했으나 그것은 착오였다. 그러나 그는 이에 낙심하지 않고 연구를 거듭하여 1824년, 드디어 '오차 이상의 방정식은 일반적인 해법이 존재하지 않는다'라는 사실을 증명해내었다.

여기에서 일반적인 해법이란 이차방정식의 근의 공식과 같이 계수들에 사칙연산과 몇 제곱 및 제곱근의 연산만을 실시해서 해를 구하는 것을 의미한다. 그것을 수학에서는 대수적인 연산이라고 말하므로 아벨이 발견한 정리는 '오차 이상의 방정식의 일반적인 해법은 대수적인 연산의 범위 내에서는 구할 수 없다'라고 바꾸어 표현할 수 있다.

아벨의 증명 덕분에 사람들은 더 이상 오차 이상의 방정식에 매달릴 필요가 없어졌다. 200년 이상 들여온 많은 사람의 노력이 아깝긴 하지만, 그 후에 방정식에 관심이 있는 사람들이 소비했을 많은 시간을 다른 데 쓸 수 있게 한 공은 정말 크다고 할 것이다.

아벨이 이 연구 결과를 출판하려고 했을 때 교수들이 지원을 제대로 해주지 않았는데, 그것은 전에 한 번 실패한 경험이 있는데다 이 논문이 너무 어려웠기 때문인 듯하다. 어쩔 수 없이 자비 출판을 해야 했던 아벨은 경비를 절약하기 위해 내용의 많은 부분을 압축시켰고 결과적으로 더 어려운 논문이 되고 말았다. 이 때문에 당대의 유명한 수학자 가우스(Gauss)조차도 "이따위 것을 쓰다니, 정말 기가 차군" 하고 비웃었다고 한다.

그 후에도 아벨은 타원 함수에 대한 연구에 몰두하여 얻은 결과를 파리 아카데미에 제출하기 위해 아카데미 회원인 수학자 코시(Cauchy)에게 보였으나 그는 이것을 펼쳐보지도 않았다고 한다.

아벨은 계속되는 불운 속에 파리를 떠나 베를린으로 왔다. 그러나 그의 생활은 점점 더 어려워졌다. 대학에서 나오는 돈이 바닥난 데다 베를린의 추운 기후 때문에 몸이 자주 아팠으며 앞날에 대한 불안이 늘 그를 괴롭혔다.

우리는 아벨의 정리 중 '…할 수 없다'라는 대목에 유의할 필요가 있다. 다른 수학자들이 오차방정식의 해는 '어떤 것일까'를 찾아내려고 애쓰고 있을 때, 아벨은 '그 해는 과연 존재할까?'라는 문제와 싸운 것이다. 존재한다는 확실한 믿음도 없이 무턱대고 해답을 구하려고 애쓰기보다 존재 그 자체를 의심한 아벨의 태도가 결국은 커다란 발견을 해낸 것이다.

이처럼 문제 자체의 본질을 의심해 보고 그 출발점부터 파헤치는 태도는 수학에서뿐만이 아니라 우리의 일상 생활 속에서도 큰 도움이 되는 경우가 많다.

4. 방정식과 수학자들

121

그는 수학에 관한 새로운 생각들을 정리하기 위해 모교인 크리스티아냐 대학으로 돌아갔으나 26세 때에 겨우 대리 강사 자리를 하나 얻었을 뿐이었다.

결국 그는 계속된 가난과 과로로 질병에 시달리다가 1829년, 27세의 젊은 나이로 세상을 떠나고 말았다. 더구나 그가 죽은 지 이틀 후에 베를린 대학의 교수로 채용한다는 초청장이 배달되어 이 천재의 죽음을 더욱 애석하게 하였다.

🫘 스무 살에 요절한 천재 수학자

천재 수학자 아벨이 아홉 살이던 1811년에 갈로아(Galois : 1811~1832)라는 또 한 사람의 불운한 천재가 태어난다.

갈로아는 열두 살 되던 해 파리의 한 중학교에 입학했는데 라틴 어와 그리스 어를 지독히도 싫어해서 결국 낙제하였다. 같은 과목을 두 번씩이나 배우는 고통에서 벗어나고 싶었던 그는 당시 선택 과목이던 수학을 택했는데 금방 흥미를 느끼며 무서운 속도로 공부해 나가기 시작했다.

갈로아

그도 아벨과 마찬가지로 오로지 수학에만 관심을 쏟고 다른 데는 무관심했기 때문에 다른 사람들로부터 품행이 나쁘다는 비난을 많이 받았다. 그러나 그는 그런 평판에 신경 쓰지 않고 오차방정식의 대수적 해법과 같은 어려운 문제에 몰두해 있었다.

갈로아는 수학을 계속 연구하기 위해 당시의 명문교인 에콜 폴리테크니크의 입학 시험을 치렀다. 그러나 면접 시험에서 시험관이 너무 쉬운 문제를 묻는 것에 화가 나 칠판 지우개를 던지는 바람에 낙방하고 말았다.

그 즈음 갈로아는 '정수론'에 관한 첫번째 논문을 잡지에 실었는데, 후에 「갈로아의 정리」로 유명해진 그 논문은 당시에는 그 누구의 주의도 끌지 못했다.

그 후 그는 '방정식론'에 관한 논문 한 편을 파리 아카데미에 보냈는데 심사를 맡았던 수학자 코시가 논문 원고를 잃어버리고 말았다. 그 논문은 오차 이상의 방정식은 대수적으로 풀 수 없다는 내용이었을 것으로 짐작되는데, 그는 이미 같은 내용을 아벨이 먼저 출판했다는 사실을 몰랐던 듯하다.

이 시기에 갈로아는 또 다른 불행을 만나게 된다. 자유주의자들에 대한 사제들의 압박을 견디다 못한 그의 아버지가 자살을 한 것이다.

그는 슬픔을 딛고 다시 에콜 폴리테크니크의 문을 두드렸으나 또 낙방하고 만다. 첫번째와 같은 이유라고도 하고, 너무 시시하고 기계적인 계산을 제대로 못했기 때문이라고도 전해진다. 결국 고등 사범 대학에 입학했으나 학교 생활에 별로 흥미를 못 느끼고 오로지 수학 연구에만 전념하였다.

그는 대수적으로 풀 수 있는 방정식은 어떤 형식인가를 연구한 결과를 다시금 파리 아카데미에 보냈다. 그러나 이번에도 심사관인 푸리에가 원고를 자기 집으로 가져가다가 갑자기 죽는 바람에 원고를 분실하고 말았다.

훗날 이 원고를 다시 정리하여 파리 아카데미에 보냈으나 심사관이었던 포아슨 씨로부터 '이 논문은 이해할 수 없다'는 회신을 받았을 뿐이었다.

이처럼 거듭되는 좌절은 갈로아로 하여금 세상이 잘못되어 올바른 사람들이 인정받고 있지 못하다고 느끼게 하였고, 그는 당시의 정치적 물결을 타고 혁명가로 변신하게 된다. 그가 경찰에 체포되어 형무소에 있다가 병을 얻어 요양소로 옮긴 뒤에 쓴 수학 논문의 머리말에는 당시의 그의 심정이 자세히 나타나 있다.

"내가 꼭 말해 두고 싶은 것은, 아카데미 회원이라고 하는 신사님의 가방 속으로부터 어떻게 해서 그렇게도 자주 원고가 분실되느냐 하는 점이다."

"여기에 인쇄된 두 논문은 이미 어떤 거장의 눈에 띄었던 것이다. 1831년 당시 이 논문의 개요는 아카데미에 보내져 포아슨 씨의 심사를 거쳤는데, 그때 그는 이것을 전혀 이해할 수 없다고 말했다. 그러나 내 생각에는 포아슨 씨가 나의 일을 이해하려 하지 않았거나, 아니면 애초부터 그는 내 논문을 이해할 능력을 갖추지 못한 것이다. 그럼에도 그의 판단 때문에 대중의 눈에는 나의 저작이 무의미한 것으로 비쳐질 것이 자명하다."

"특히 나는, 에콜 폴리테크니크의 시험관들로부터 실소를 사지 않으면 안 되리라. 그들은 수학 교과서의 인쇄를 독점하고 있기 때문에 자기들이 두 번이나 낙방시킨 젊은이가 뻔뻔스럽

게도 교과서가 아닌 논문을 저술한 것을 보고 눈살을 찌푸릴 것
이다."

한편 그는 이 요양소에서 알게 된 한 여성 때문에 결투를 피
할 수 없게 되는 운명에 빠진다(그 여자는 매춘부였다고 하며 또 이
결투가 비밀 경찰의 음모였다고 한다). 죽음을 예감한 갈로아는 자
신의 연구 결과를 친구인 슈발리에에게 편지로 남기고, 다음날
결투에서 쓰러져 20년 7개월의 짧은 삶을 마쳤다.

아벨과 갈로아는 비슷한 시기에 태어나 젊은 나이에 요절한
천재 수학자들이다. 아벨은 오차 이상의 방정식을 대수적으로
해결할 수 없다는 사실을 증명하였으며, 갈로아는 대수적으로
해결할 수 있는 방정식은 어떤 형태인지를 알아냈다.

그리고 두 사람은 현대 대수학의 분야에서 빼놓을 수 없는 중
요한 업적을 남겼지만 생전에 그 능력을 인정받지 못했다는 점
에서도 공통된다. 가난과 질병은 아벨을 죽음으로 몰고 갔고, 교
수들의 무지와 무성의가 결국은 갈로아를 죽게 만들었다.

이들의 타고난 천재성을 좀더 일찍 발견하여 편안한 환경에서

연구에 전념하도록 했다면 수학사에 더 많은 발전이 있지 않았
을까 하는 안타까운 마음이 든다.

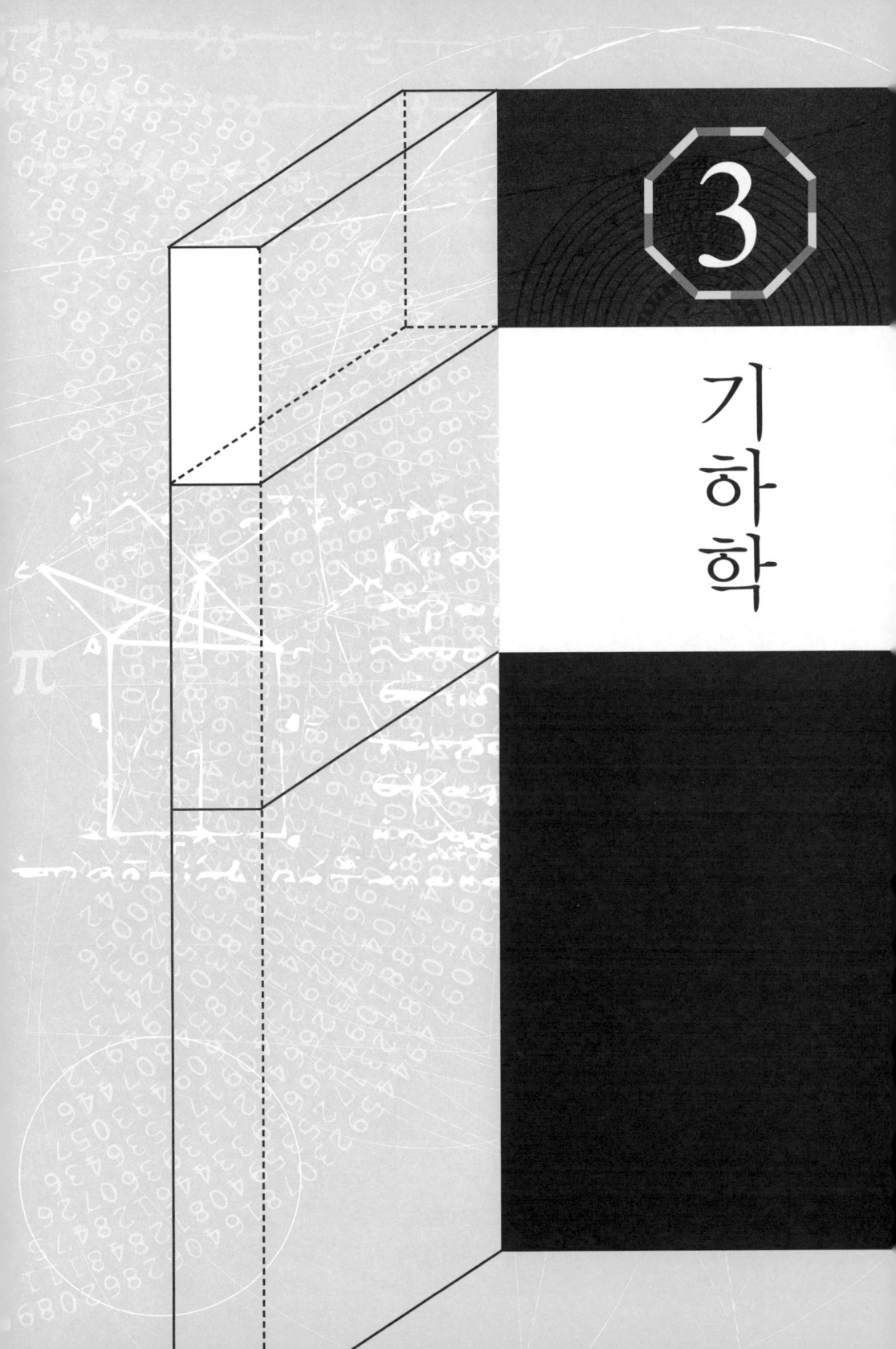

3

기
하
학

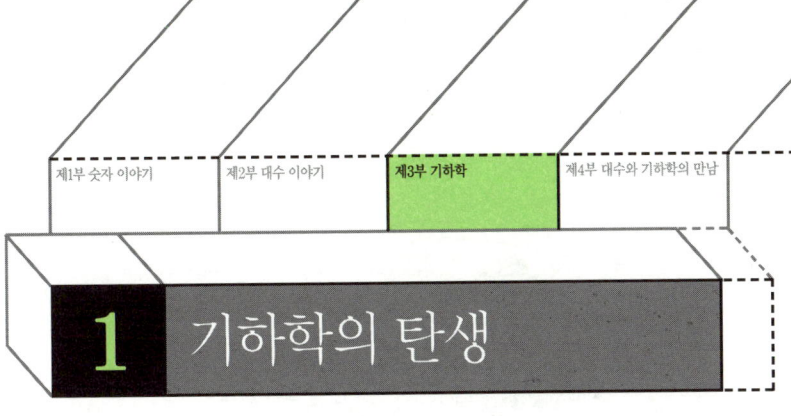

1 기하학의 탄생

1) 자연과 도형

　자연 속의 규칙성

우리가 흔히 쓰는 말 중에 '자연스럽다' 혹은 '인위적이다'라는 표현이 있다. 사람의 손길이 닿지 않아 불규칙하고 정돈되어 있지 않은 듯하면서도, 조화를 이뤘을 때 우리는 '자연스럽다'고 한다. 반면 '인위적이다'라는 말은 질서 정연하며 일정한 규칙이 있어 보이고, 사람의 손이 닿은 듯한 상태를 일컫는다.

그런데 자연을 조금만 유심히 살피고 탐구해 보면 제멋대로인 듯한 자연 속에 일정한 규칙성이 숨어 있음을 알 수 있다. 뿐만 아니라 자연 속에는 마치 누군가 찍어 놓은 것처럼 감탄할 만한 기하학적인 도형들이 곳곳에 숨어 있다.

자, 모든 것을 훌훌 털어버리고 푸른 들판으로 나간다고 상상해 보자. 들판에는 기하학적인 도형들이 많다. 멀리 보이는 숲속의 나무들은 직선으로 곧게 뻗었고, 꽃 주위를 윙윙거리며 날고

있는 벌들은 육각형 모양의 제 집으로 돌아간다. 높은 하늘에는 솔개가 원을 그리며 날고 있고, 나무 그늘 아래는 달팽이가 나선형의 집을 등에 업고 기어다닌다. 해마다 여름이면 이 들판에 불어닥치는 태풍은 나선형 모양을 하고 있고, 겨울에 내리는 눈은 육각형의 결정체다. 또 밤하늘을 수놓는 축제의 불꽃은 포물선을 그린다.

　이번에는 바닷가로 가보자. 저기 바다 끝의 수평선은 끝없는 직선이며 바닷속의 소라도 나선형의 집을 지니고 있다. 짭짤한 맛을 내는 소금의 결정체는 정육면체이고 느릿한 걸음으로 바다로 돌아가는 거북의 등에는 육각형 무늬가 그려져 있다. 이뿐만이 아니다. 우리가 살고 있는 지구는 구(球)의 모양을 하고 있으며 태양 주위를 타원 모양으로 돌고 있다. 밤하늘을 가로질러 흐르는 은하수의 모양은 나선형이다.

　이렇듯 자연 속을 자세히 살펴보면 신비할 정도로 규칙적이고 아름다운 기하학적 도형들이 숨어 있다. 우리가 매일 밟고 다니는 보도 블록에만 규칙적인 무늬가 있는 것이 아니라 발끝에 채이는 흔한 돌멩이에도 규칙성이 담겨 있다.

동물들의 건축술

동물이 지은 집들 가운데는 건축술이 돋보이는 훌륭한 것들이 많다. 캐나다의 강에서 살고 있는 비버는 나무를 잘라 정교한 댐을 만들고 사는데 그 댐의 길이가 수킬로미터나 되는 것도 있다. 새들은 나뭇가지 등을 물어와 높은 나무 위나 벼랑 끝에 원형의 둥지를 만든다.

또 동물들의 집 중에는 기하학적인 신비함을 가진 것들도 있다. 곤충학자 파브르는 달팽이의 집을 보고 자기 동생에게 이렇게 편지를 썼다.

"루브르 궁전이 아무리 세밀하다 해도 이 보잘것없는 달팽이의 건축술을 능가하지는 못할 거다. 이것을 알게 한 것이 바로 라이프니츠의 미적분학이란다. 사람들은 영원한 기하학자인 달팽이를 하찮게 여기지만, 달팽이 집의 정교한 나선은 정말이지 훌륭한 건축 기사의 솜씨에 버금간단다."

파브르는 자연을 관찰하면서 생물학만 연구하지 않았다. 자연에서 발견되는 기하학적인 도형들의 규칙성을 설명하기 위하여 수학도 열심히

연구하였던 것이다.

꿀벌의 집

훌륭한 건축 기사로서 으뜸가는 곤충은 꿀벌이다. 꿀벌은 자신의 몸에서 나오는 분비물로 육각형의 집을 짓는다. 여기에 꿀과 로얄제리를 보관하기도 하고 여왕벌이 낳은 알을 부화하기도 한다. 그런데 꿀벌의 집은 그 많은 도형 가운데 왜 육각형 모양일까? 우연히 그런 것일까? 물론 꿀벌은 본능에 따라 집을 짓지만, 이 육각형에는 놀라운 비밀이 숨어 있다.

정다각형 타일

보통 욕실의 바닥과 벽에는 타일이 깔려 있다. 대개는 사각형의 타일을 쓰지만 여러 모양의 도형을 짜맞추어 아름답게 장식한 곳도 있다. 그러나 어느 경우든 타일로 빈틈없이 면을 채워 규칙적인 무늬를 이루고 있다.

똑같은 크기의 정다각형으로만 타일 붙이기를 하려고 한다. 어떤 모양이어야만 빈틈없이 면을 채울 수 있을까?

해답은 쉽게 찾을 수 있다. 한 꼭지점에 모인 각의 합이 360°가 되는지 알아보면 된다. 먼저 정삼각형을 생각해 보자. 정삼각형은 한 내각이 60°이므로 한 꼭지점에 6개의 정삼각형이 모이면 60°×6개＝360°가 된다. 따라서 정삼각형 타일은 가능하다. 마찬가지로 정사각형은 90°×4개＝360°, 정육각형은 120°×3

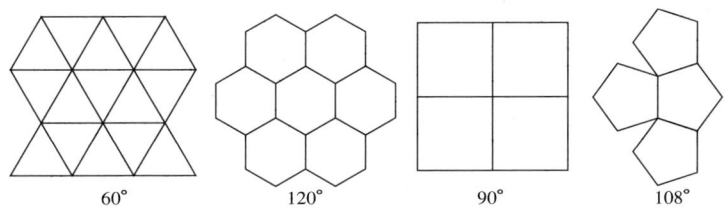

60°   120°   90°   108°

개＝360°가 되므로 타일로 적합하다. 그렇지만 정오각형은 한
내각이 108°이므로 한 꼭지점에 3개가 모이면 108°×3개＝
324°, 4개가 모이면 108°×4개＝432°가 되어 어떤 경우도 360°
가 만들어지지 않아 타일로는 부적합하다.

위에서 보듯이 타일로서 적당한 도형은 정삼각형, 정사각형,
정육각형 세 가지뿐이다. 그런데 왜 꿀벌은 늘 정육각형으로 집
을 짓는 것일까? 정사각형이 만들기도 더 쉬울 텐데.

경제적인 정육각형

긴 끈을 하나 준비해 보자. 그 끈으로 정삼각형, 정사각형, 정
오각형,…… 계속 각을 늘려가다가 나중에는 원까지 만들어 보
자. 이 중에서 넓이가 가장 큰 것은 어떤 도형일까? 정삼각형보
다는 정사각형이, 정사각형보다는 정오각형이…… 넓이가 크
다. 그러므로 가장 넓이가 큰 것은 원이다.

각 도형의 둘레를 a라 했을때, 그 넓이를 실제로 구해 보자.

① 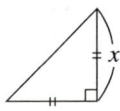 ② 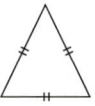 ③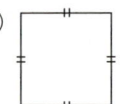

④ 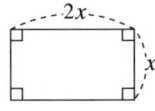 ⑤ (원, 반지름 x)

① $x + x + \sqrt{2x^2} = a$ 에서

$(2 + \sqrt{2})x = a$ $\therefore x = \dfrac{a}{2 + \sqrt{2}}$

$\therefore S = \dfrac{1}{2} \times (\dfrac{a}{2 + \sqrt{2}})^2 = \dfrac{a^2}{12 + 8\sqrt{2}}$

② $S = \dfrac{1}{2} \times \dfrac{a}{3} \times \dfrac{\sqrt{3}}{6}a = \dfrac{\sqrt{3}}{36}a^2$

③ $\dfrac{a}{4} \times \dfrac{a}{4} = \dfrac{a^2}{16}$

④ $S = \dfrac{a}{3} \times \dfrac{a}{6} = \dfrac{a^2}{18}$

⑤ $2\pi x = a$ $\therefore x = \dfrac{a}{2\pi}$

$\therefore S = \pi \times (\dfrac{a}{2\pi})^2 = \dfrac{a^2}{4\pi}$

이 가운데 가장 넓은 것은 ⑤이다.

즉 둘레의 길이가 같을 때, 변이 많은 도형일수록 넓이가 더

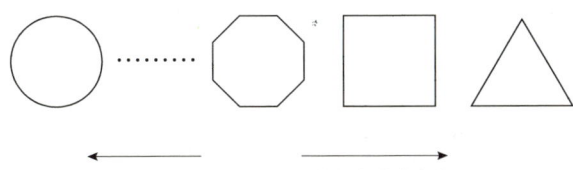

넓이가 커진다　　　넓이가 작아진다

크다는 사실을 알 수 있다.

이제 꿀벌의 집이 정육각형인 이유를 알게 되었을 것이다. 첫째, 빈틈없이 공간을 메울 수 있고 둘째, 공간을 넓게 쓸 수 있기 때문이다.

게다가 꿀벌의 집은 강도가 대단히 커서 공업용, 건축용 재료를 만들 때에도 꿀벌식 방법이 많이 활용된다. 예를 들어 문짝을 만들 때, 양쪽에 장식용 판자를 붙이고 그 사이에 벌집 모양의 코어(심)를 넣는다. 이 코어를 '허니콤 코어(벌집심)'라고 하는데 이렇게 만들어진 문짝은 손바닥만한 면적이 무려 트럭 1대분의 무게를 지탱할 만큼 튼튼하다.

이처럼 꿀벌은 본능적으로 가장 효율적이고 경제적이며 튼튼하기까지 한 방법으로 집을 지으니 훌륭한 건축가라는 찬사를 들을 만하다.

나팔꽃과 개미

효율적이고 신비롭기까지 한 자연의 기하학은 나팔꽃과 개미에서도 발견할 수 있다.

여름철 꽃밭에서 흔히 보는 나팔꽃은 그 가느다란 줄기를 나

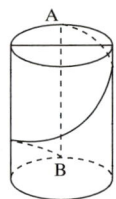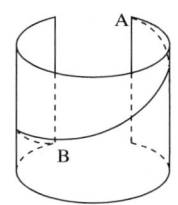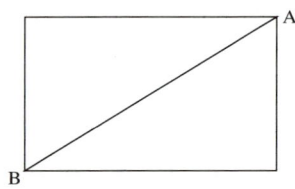

무줄기 같은 원통에 휘감으며 위로 뻗어간다. 나선형으로 올라가는 나팔꽃의 줄기는 '두 점 사이의 가장 짧은 거리는 직선이다'라는 평면 기하학의 공리를 지키지 않는 것처럼 보인다(사실 나팔꽃 줄기는 너무 가늘어서 직선으로 뻗어 올라갈 수 없다. 그래서 나팔꽃은 다른 나무의 줄기에 의지해 나선형 모양으로 줄기를 내뻗는다). 하지만 나팔꽃 줄기가 감겨 있는 원통을 잘라 보면 재미있는 사실을 발견할 수 있다. 공간에서는 나선이던 것이 평면에서는 직선이 되는 것이다. 이것은 되도록 빨리 뻗어 올라가겠다는 나팔꽃의 의지를 보여주는 것이다.

개미의 움직임도 마찬가지다. 개미는 먹이를 찾아갈 때 가장 짧은 거리를 택하는데, 아래의 그림에서 알 수 있듯 개미가 지나간 자리는 펼쳤을 때 직선이 된다.

이처럼 나팔꽃과 개미의 운동은 공간에서 볼 때는 곡선 운동

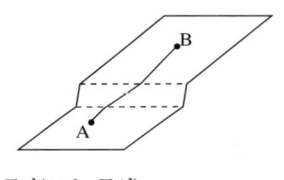

공간(AB는 곡선)

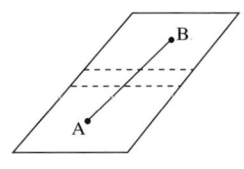

평면(AB는 직선)

이지만 평면에서는 두 점 사이의 가장 가까운 거리인 직선을 따라 운동을 하고 있다.

2) 이집트에서 수학은 생활이었다

___**나일 강의 범람**

세계에서 가장 오래된 문명국이었던 이집트는 아프리카 대륙의 동북쪽에 있었다. 이 나라는 이미 2000여 년 전에 멸망하였으므로 오늘날의 이집트와는 다른 나라다.

이집트는 무덥고 비가 오지 않는 건조한 날씨로 사막 지대 같았지만 다행스럽게도 나일 강이라는 큰 강이 있었다. 이 강은 물이 풍부하여 이 일대의 땅을 충분히 적셔 주었을 뿐만 아니라 해마다 일정한 시기에 대홍수를 일으켜 상류로부터 기름진 흙을 가지고 왔다. 그 덕분에 홍수가 지나간 땅에는 거름을 주지 않아도 농사가 잘 되었다. '이집트는 나일 강이 준 선물이다'라는 표현이 있듯이 이집트는 자연으로부터 많은 혜택을 받았고, 그 덕에 세계에서 제일 먼저 문명국이 될 수 있었다.

그러나 해마다 있는 나일 강의 범람은 여러 가지 문제를 일으켰으므로 이에 대한 대책이 필요하였다.

첫째, 홍수가 시작될 시기를 정확히 알아낼 필요가 있었다. 왜냐하면 나일 강이 범람하면 이집트 전체가 물바다가 되었기 때문에 미리 피해를 막을 수 있는 준비를 해야 했다. 따라서 이집트에서는 역학(曆學)이 발달하였고 일찍부터 달력을 사용하였다.

둘째로는, 나일 강을 다스리기 위한 여러 가지 기술이 필요하였다. 즉 운하를 파고 수문을 만들고 둑을 쌓는 일들이 필요하여 토목 사업이 활발하였다. 결국 이런 필요성 때문에 이집트에서는 자연스럽게 건축술이 발달하였고, 마침내는 저 불멸의 피라미드를 건설할 수 있었다.

셋째로, 홍수가 지나간 다음 농토를 정리하는 문제가 있었다.

'역사의 아버지'라 불리우는 그리스의 역사가 헤로도투스 (Herodotus : B.C. 484~B.C. 425?)가 쓴 책을 보면 "세소스토레스 왕은 모든 이집트 사람들에게 사각형의 토지를 제비를 뽑아 나누어 준 다음, 농사를 짓게 하여 매년 세금을 받고 있었다. 그러나 대홍수로 토지가 유실되면 땅주인은 곧바로 왕에게 이 사실을 아뢰었다. 그러면 왕은 농토가 어느 만큼 유실되었는가를 측량하게 하여, 유실된 땅만큼의 세금은 빼고 나머지 땅의 세금만을 내게 했다"라는 기록이 있다.

이 기록을 통해 이때 이미 토지 측량술이 쓰이고 있었음을 알 수 있다. 이런 토지 측량에 관계된 수학이 바로 기하학이며 그 중에서도 이집트에는 여러 가지 꼴의 토지 넓이를 재는 기술이 발달하였다.

🫘___생활에 도움이 되는 기하학

이처럼 이집트의 기하학은 실생활에 필요했기 때문에 등장하였다. 고대 수학 문헌 중 가장 오래된 『아메스의 파피루스』가 이를 잘 보여주고 있다. 이 책에는 원의 넓이를 계산하는 방법이 꽤 정확하게 실려 있으며 피라미드의 부피를 정확히 계산하여 기록하고 있다. 그리고 분수 계산, 분수 응용, 경지 면적, 곡식 창고의 용량 등에 관한 문제들도 풀이해 놓고 있다. 또 모든 사각형의 기본이 되는 삼각형의 넓이를 오늘날처럼

$$밑변 \times 높이 \div 2$$

로 구하고 있다. 이쯤 되면 이 책은 일상 생활에 필요한 측량 지침서라 할 만하다.

실용적인 기하학은 이집트뿐만 아니라 바빌로니아, 중국에서도 발달하였다.

수메르 말로 time은 '직선'이란 뜻 외에도 '새끼줄'이란 뜻도 있다고 한다. 이것은 바빌로니아 사람들이 새끼줄로 거리를 잰데서 유래한 것인데, 일상 생활과 기하학이 밀접한 관계임을 알려 준다. 그리고 '기하학'은 영어로 geometry라고 하는데, 이것은 geo(토지)와 metry(측량)를 결합한 말로 기하학이 농업 생활과 관련이 깊음을 말해 준다.

『구장산술』 서문

또 중국의 오래된 수학책 『구장산술』에는 도형의 넓이나 부피 계산에 대한 고도의 지식이 담겨 있다.

『구장산술』

동양에서 가장 오래된 수학책인 『구장산술』을 누가 집필했는지는 알려져 있지 않지만, 263년에 삼국시대 위나라의 유휘가 뛰어난 주석을 붙여 펴냈다고 한다.

『구장산술』은 중국 당나라 때 '산학'이라는 학교에서 수학 교육에 사용했던 교과서 가운데 하나로, 방전, 속미, 쇠분, 소광, 상공, 균륜, 영부족, 방정, 구고 등 총 아홉 장으로 구성되어 있다.

이 책은 주로 관리들이 실무를 처리하면서 부딪히는 여러 문제를 비롯하여 산법 자체를 다루고 있다.

각 장의 주요 내용과 수록된 문제들을 소개하면 다음과 같다.

① 방전장─논밭의 측량 문제를 다룬 방전장에서는 여러 가지 형태의 논밭의 넓이를 계산하는 법을 설명하고 있다.

(예) 문제 : 하나의 방전이 있다. 가로가 12보, 세로가 14보이다. 그렇다면 이 방전의 넓이는 얼마인가?

답 : 168보(步)

계산법 : 방전의 넓이를 계산할 때는 가로와 세로의 보수(步數)를 서로 곱하여 답을 구한다.

이 문제의 답에서 168은 논밭의 넓이이므로 168평방보(즉 보²)라고 써야 하나 그저 '보'라고만 쓰고 있다. 이처럼 단위를 구분하지 않고 쓰는 습관은 중국 수학의 발전에 장애가 되었을 것이다.

② 속미장─속(粟)은 껍질을 벗기기 전의 조, 미(米)는 조를 찧어 껍질을 벗긴 것을 말한다. 속미장은 속미를 기준으로 한 곡물 교환 문제를 다루

고 있는데 계산법은 간단한 비례식으로 되어 있다.

③ 쇠분장－'쇠분'은 '차(差)'라는 뜻으로 차등을 두면서 비례적으로 골고루 나누는 계산법을 말한다.

④ 소광장－소광장은 넓이 또는 부피를 구하는 문제를 다룬다.

(예) 문제 : 지금 가로가 1보 반, 넓이가 1무(240평방보)인 경작지가 있다. 세로는 얼마인가?

　　　답 : 160보

⑤ 상공장－다양한 토목 공사의 공정을 계산하는 문제가 나와 있다.

⑥ 균륜장－백성에 대한 부역을 어떻게 공평하게 부과할 것인가를 고려한 문제를 다루고 있다.

⑦ 영부족장－남거나 부족한 경우 맞는 수를 구하는 계산법이다.

(예) 문제 : 지금 공동으로 물건을 구입한다고 할 때, 각 사람이 8전씩 내면 3전이 남고, 각 사람이 7전씩 내면 4전이 부족하다고 한다. 사람 수와 물건 값은 각각 얼마인가?

　　　답 : 사람 7인, 물건 값은 53전

⑧ 방정장－미지수가 여러 개인 1차 연립방정식의 해를 구하는 문제들이 있다.

⑨ 구고장－피타고라스 정리를 응용하여 푸는 문제들이다.

생활의 필요에 따라 기하학이 발달했기 때문에, 때로는 어림셈으로 엉뚱한 방법을 이용하기도 하였다. 예를 들면 아메스의 파피루스에서는 이등변삼각형의 넓이를 밑변×빗변÷2로 계산하고 있다. 이등변삼각형의 높이 대신 빗변을 이용하였던 것이다.

또 『구장산술』에서는 활꼴의 넓이를 사다리꼴로 생각하여 어림셈을 하고 있다.

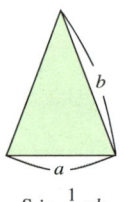

$$S \fallingdotseq \frac{1}{2} ab$$

이등변삼각형의 넓이 계산
「아메스의 파피루스」

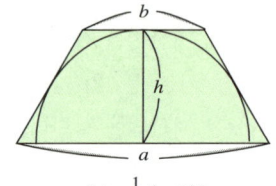

$$S \fallingdotseq \frac{1}{2}(a+b)h$$

활꼴의 넓이 계산
「구장산술」

___이집트의 수학을 기하학이라 할 수 없는 이유

　이집트를 비롯한 고대 국가의 기하학은 훌륭한 실용적 지식이었다. 그러나 대부분 그때그때 발생하는 구체적인 문제들을 처리하려는 목적으로만 쓰였을 뿐이어서 어떻게 셈하는가에만 관심을 가졌지, 도형 자체를 연구 대상으로 삼거나 구조를 분석하는 경우가 극히 드물었다. 따라서 이집트의 기하학은 정의, 공리, 증명 등의 논리적인 체계를 갖추지 못하고, 지나치게 경험적이고 실생활에 치우쳐 있어, 엄밀히 말해 기하학이라고 하기는 어렵다.

　실용적 지식을 바탕으로 한 이집트의 기하학은 그 후 더 이상 발달하지 못했다. 그것은 '실용'에 치우쳤기 때문이기도 하지만, 『아메스의 파피루스』를 적은 아메스가 승려였다는 사실에서도 알 수 있듯이 특권층의 사람들이 기하학을 독차지하였다는 데에도 원인이 있었다. 이들이 쓴 기하학에 관한 책은 하나의 율법이기 때문에 아무도 그 내용에 의문을 갖거나 수정할 수 없었다. 결국 학문의 자유가 보장되어 있지 않은 상황에서 이집트에서는 더 이상 기하학이 발달할 수 없었고, 대신 그리스에서 체계적이고 이론적인 기하학이 탄생하게 되었다.

이집트의 기하학은 정체되기는 하였지만 그리스 기하학이 탄생하는 데 아주 중요한 역할을 하였다. 그리스 초기의 수학자들 대부분이 그 당시 선진 문명국이었던 이집트에 가서 배웠기 때문이다. 이처럼 그리스 인들의 합리적인 사고가 논리적이고 체계적인 기하학을 탄생시킬 수 있었던 데는 이집트의 실용적 지식이 밑바탕이 되어 주었다.

3) 그리스 기하학의 탄생

 그리스란 나라

유럽 지도를 펼쳐 보면 지중해 한복판에 긴 장화 모양의 이탈리아가 있고, 그 동쪽에 그리스 반도가 자리잡고 있다. 그리스는 삼면이 바다로 둘러싸이고 나머지 한 쪽은 험한 산이 가로막고 있어 외부의 침략을 걱정하지 않고 바다에서 활동할 수 있었다. 그리스 인들은 기원전 8세기경부터 약 200년간 이집트, 소아

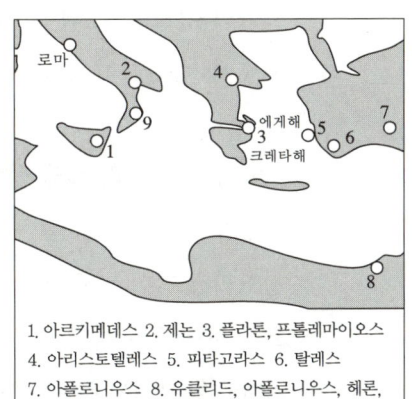

1. 아르키메데스 2. 제논 3. 플라톤, 프톨레마이오스
4. 아리스토텔레스 5. 피타고라스 6. 탈레스
7. 아폴로니우스 8. 유클리드, 아폴로니우스, 헤론, 프톨레마이오스 9. 피타고라스

그리스 세계와 그곳에 관계가 있는 수학자

시아, 이탈리아 등 지중해 연안을 상업 · 무역의 본거지로 삼으며 해적 노릇을 하였다. 특히 당시 문명국인 바빌로니아, 이집트 등과는 무역을 활발히 하여, 이들 나라로부터 특색 있는 문화를 배웠다. 그 밖의 여러 나라와도 상업 교류가 잦았던 탓에 진취적인 그리스 인들은 색다른 자연 환경, 이질적인 생활 습관과 문화 양식을 접할 수 있었고, 자연스레 시야가 넓어지게 되었다.

그리스 인들이 접한 여러 나라의 학문은 각기 다른 자연 환경, 관습 등을 배경으로 하고 있는 만큼 똑같은 문제에 대해서도 이해하는 태도가 자못 달랐다. 그리스 인들은 이런 '모순'에 부딪힐 때마다 '왜 그럴까?' 하는 의문을 품게 되었고, 결국 서로 어긋나는 의견 차이를 해소하기 위해 하나의 일반적인 원리를 정하게 되었다. 그리고 그런 원리에서부터 조리 있게 차근차근 따져 들어가는 그리스 인 특유의 논리적 사고가 싹트게 되었다. 따라서 그리스 학문은 그리스 본토보다도 상업이 발달한 소아시아의 이오니아, 남부 이탈리아 등지에서 싹트게 되었으며, 기하학 역시 마찬가지였다.

그리스의 철학

그리스 철학자 중에서 그리스 인들의 사고 방식을 가장 전형적으로 보여주는 사람이 바로 플라톤(Platon : B.C. 429?~B.C. 347)이다. 플라톤은 세계를 여행하면서 수학을 배웠다. 스승인 소크라테스가 수학을 무시하였던 것과 달리 그는 수학을 중요하게 여겼다. 그가 수학을 얼마나 중시했는지는 아카데모스 숲에 세운 학교의 정문에 '기하학을 모르는 자는 들어오지 말라'라고 쓴 것만 봐도 알 수 있다.

플라톤

플라톤의 '이데아(idea) 론'은 "이 세상에 나타나는 모든 현상은 신의 정신(idea)이 임시 방편으로 그림자를 던진 것에 지나지 않는다"는 내용을 핵심으로 하고 있다. 그의 말대로라면 삼각형, 원 같은 도형은 아무리 곧은 자로 선을 긋고, 아무리 정교하게 컴퍼스로 원을 그려도 완전한 직선, 원은 아니라는 것이다. 즉 현실 세계에는 완전한 직선, 원은 존재하지 않으며, 진짜 완전한 원은 인간의 이성, 즉 이데아의 세계에서만 존재한다는 것이다.

그리스 기하학

그리스 이전의 기하학은 지나치게 실용적이고 구체적이었기 때문에 학문적 발전을 이루지 못하였다. 그러나 플라톤 철학이 대표하는 그리스의 기하학은 이전과는 성격이 달랐다.

논리적인 사고를 좋아했던 그리스 인들은 실생활에 밀착된 계산 기술보다는 초현실적인 관념의 세계 속에서 명상하기를 즐겼다. 그래서 계산술 같은 하찮은(?) 기술은 노예에게나 맡기고 '이데아'의 세계에 몰두하였다. 그리스의 자유인들은 논리적 사고를 기르기 위해서, 수학을 모든 학문에 접근하기 위한 기본 소양으로 생각하였다. 이런 성격에 맞는 수학이 바로 기하학으로, 기하학은 그들의 이성적 사고를 돕는 기초였다. '수학을 모르는 자는 철학을 하지 못한다', '신은 기하학적으로 사고한다' 라고까지 할 정도로 그리스 인들은 '따질 수 있는 능력'을 키우기 위한 기하학 공부를 중요하게 생각했다. 그래서 기하학은 그리스 시대에 정의, 공리, 증명 등의 논리적 체계를 갖춘 학문으로 발전하게 되었고 오늘날까지도 그 영향을 미치고 있다.

2 그리스 기하학

1) 지팡이로 피라미드의 높이를 잰 탈레스

그리스 동남쪽에 있는 이오니아(Ionia)는 해안이면서 동과 서가 만나는 곳이었던 탓에 일찍부터 상업이 발달하여 여러 나라의 문물이 쉽게 수입되었고, 자연히 그리스 학문도 이곳에서 싹트게 되었다.

그리스 기하학의 역사에서 최초로 등장하는 인물은 탈레스(Thales : B.C. 624~B.C. 546?)다. 그는 이오니아의 밀레토스라는 마을에서 태어났다.

젊은 시절, 그는 소금이나 기름을 거래하는 상인으로 여러 나라를 다니며 견문을 넓혔고, 특히 문명 국가이던 이집트에서 선진 문물을 접할 기회를 가졌다.

당시 이집트에는 기하학과 천문학에 관한 비밀스러운 책이 있었다. 이 이야기를 전해 들은 탈레스는 이것을 꼭 봐야겠다는 결심을

탈레스

하고 열심히 찾아다녔다. 결국 이 책이 어느 사원에 숨겨져 있다는 사실을 알아낸 그는 승려에게 간곡히 사정하여 그 책을 보았고, 이 책에 깊은 감명을 받아 이집트의 승려에게 기하학과 천문학을 배웠다.

그 후 그는 고향으로 돌아와 많은 젊은이들에게 학문을 가르쳤다. 그리고 그에게 가르침을 받은 한 무리의 사람들이 모두 이오니아 학파(혹은 밀레토스 학파)를 형성하게 되었다. 탈레스가 창시자인 이오니아 학파는 훗날 자연철학 학파의 시초가 된다.

우주의 근원은 물

세계의 근원은 무엇일까? 사람들은 오랫동안 이 문제로 고민해 왔다. 당시 그리스 인들도 이 문제를 놓고 토론을 많이 하였는데, 탈레스는 우주의 근원이 되는 요소를 '물'로 보았다.

모든 물질을 분자, 원자 등으로 분해할 수 있다는 사실을 아는 우리에게는 우습게 들릴지 모르지만 실험 도구도 충분치 않고 과학도 발달하지 않은 당시 상황을 고려하면 탈레스의 생각은 그럴 듯하다. 물은 구름, 사람의 몸, 나무 등 모든 사물에 포함되어 있다. 또한 물이 없이는 살 수가 없으니 우주의 근원을 물로 생각하게 된 것이다. 옛날 이집트 사람들도 우주의 근원은 물이라고 생각하였다가 이어서 공기와 흙을 덧붙였다고 한다. 물과 마찬가지로 공기와 흙 없이도 살 수 없으니 그 역시 그럴듯하다.

탈레스 이후의 철학자인 헤라클레이토스(Herakleitos : B.C.

545~B.C. 472)는 물, 공기, 흙에 이어 네 번째로 '불'을 포함시켰다. 플라톤은 네 가지 원소를 가지고 삼각형으로 그리고 또 피타고라스는 정다면체로 이 네 원소를 포함한 우주를 나타냈다.

그리스 철학자들이 말한 물, 공기, 흙, 불은 물질에 없어서는 안 될 중요한 것이지만 오늘날 그것을 우주의 근원이라고 믿을 사람은 없다. 하지만 우주의 근원은 무엇인가를 밝혀내기 위해 끊임없이 탐구해 온 그 정신이 결국 오늘날 과학의 발달을 가져온 것이다.

일식을 예언하다

탈레스는 천문학에도 조예가 깊어 당시 과학 수준으로서는 상당한 사실들까지 알고 있었다. 지구는 둥글며, 1년을 365일하고도 $\frac{1}{4}$ 일로 보았다. 또 일식이 일어날 날짜까지도 알아맞혔다고 한다. 일식은 달 때문에 태양이 가려져 태양의 모습이 일그러지는 현상을 말하는데, 대개 일년에 네 번 정도 일어난다. 그런데 탈레스는 B.C. 585년 5월 28일에 있던 일식을 정확히 예언해 사람들을 놀라게 했다. 태양이 완전히 가려져 대낮에 세상이 어둑해지니 사람들이 얼마나 경이롭게 생각했을지 짐작이 된다. 더욱이 그때 전쟁중이었던 메디아와 리디아 군대는 이 일로 싸움을 끝냈다. 탈레스가 예언한 대로 태양이 갑자기 빛을 잃게 되자 신의 노여움이 내렸다고 생각했기 때문이다. 이 일로 탈레스는 고향에서 명성이 높아졌다.

끌끌

발 앞도
못 보면서
하늘을 열려고
하다니……

　　한편 탈레스가 천문학에 관심이 많았음을 알려주는 이야기가
있어 여기에 소개한다. 어느 날 밤, 탈레스는 평소처럼 밤하늘의
별을 유심히 관찰하며 걷고 있었다. 그런데 이에 너무 몰두한 나
머지 앞에 있던 웅덩이를 보지 못하여 그만 빠지고 말았다. 한
노파가 이를 지켜보고 있다가 "자신의 발 앞도 보지 못하면서
어찌 하늘의 일을 알고자 하는가?"라며 그를 비웃었다고 한다.

🪨___ 피라미드의 높이를 재다

　　우주의 근원에 관심이 많았던 고대 이집트 인들은 영혼불멸설
을 믿고 있었다. 비록 사람의 육신은 때가 되면 죽게 되지만 그 영
혼은 영원히 살아 있으며 언젠가는 다시 돌아오게 된다는 것이
다. 그래서 이집트에서는 국왕이 죽으면 미라로 만들어 커다란
각뿔 모양의 돌무덤 속에 안치하였다. 이 무덤이 바로 피라미드
(Pyramid)이다. 전해지는 바로는 이 피라미드를 만들기 위해서 수

만 명의 노예가 수십 년간 일했다고 한다. 이집트에는 지금까지 남아 있는 피라미드가 수십 개인데 그 중에서 가장 높은 것이 147m이다.

탈레스에 관한 일화 가운데 피라미드에 얽힌 유명한 이야기가 있다. 탈레스가 이집트에서 유학하고 있을 때였다. 그는 이 거대한 피라미드의 높이를 지팡이 하나로 측정하여 주위 사람을 깜짝 놀라게 했다. 도대체 어떤 방식을 사용했을까? 그가 사용한 방식은 의외로 간단하다. 그는 먼저 자신의 지팡이 그림자와 피라미드의 그림자 끝이 일치하는 지점에 지팡이를 꽂았다.

여기에서

   x : 피라미드의 높이

   k : 지팡이의 길이

   a : 피라미드의 그림자 길이

   b : 지팡이의 그림자 길이

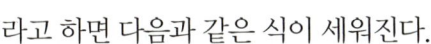

라고 하면 다음과 같은 식이 세워진다.

$$x : a = k : b$$

그러므로,

$$x = \frac{a}{b} k \ (a,\ b,\ k\text{의 값은 측정할 수 있다})$$

이다. 이 식을 보자마자 여러분은 '아, 비례식!' 할 것이다. 비례식으로는 강의 폭이라든지 높은 건물의 높이와 같이 실제로 재기 힘든 길이를 구할 수 있다. 이 비례식을 처음으로 생각해 낸 사람이 바로 탈레스다.

이집트의 아마시스 왕도 이 이야기를 전해 듣고 매우 놀라워

했고 탈레스의 명성은 날로 높아져 갔다.

탈레스가 증명한 기하학의 정리들

[정리 1] 맞꼭지각의 크기는 서로 같다.

이 정리는 탈레스 이전에도 사람들이 알고 있었다. 그런데 그
들이 눈으로 직접 보고, 있는 그대로 그렇구나 하고 생각했던데
반해 탈레스는 왜 그런지를 논리적으로 증명하였다. 옆의 그림
에서

$$a+b=180°$$

$$c+b=180°$$

따라서 $a=c$이다.

[정리 2] 두 변과 그 끼인 각이 같은 삼각형은 서로 합동이다.
[정리 3] 두 각과 그 사이 변이 같은 삼각형은 서로 합동이다.

[정리 2]와 [정리 3]은 두 삼각형이 합동이 되기 위한 조건이다.
탈레스는 이 정리들을 다음과 같은 거리를 구할 때 이용하였다.

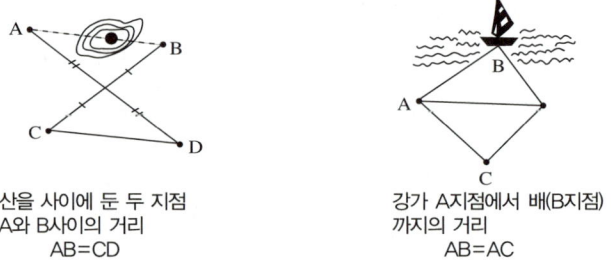

산을 사이에 둔 두 지점
A와 B사이의 거리
AB=CD

강가 A지점에서 배(B지점)
까지의 거리
AB=AC

[정리 4] 이등변삼각형의 두 밑각의 크기는 같다.

[정리 5] 지름은 원 넓이를 이등분한다.

[정리 6] 지름 위의 원주각은 직각이다.

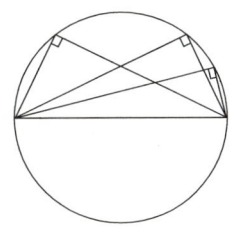

탈레스가 발견한 정리들은 새롭거나 특별한 것
은 아니다. 이미 많은 사람들이 알고 있었고 이전
에 동양의 수학자들도 상식적으로 생각하고 있던

지름을 현으로 하는 원주각
의 크기는 모두 직각이다.

것이다. 그러나 경험적으로 아는 것과 증명을 통해 정리의 형태
로 보여주는 것과는 차이가 있다. 탈레스는 하나하나 따져가며
증명하는 논증적이고 연역적인 기하학의 시초를 열었다.

2) 피타고라스

피타고라스는 B.C. 582년경 사모스 섬에서 출생했다. 그는 젊
었을 때 이집트, 바빌로니아 등 당시의 선진
국에서 수학을 공부한 후 고향에 돌아와 학교
를 세웠다. 그 학교에는 귀족의 자제가 많았
는데, 그들은 별 모양의 오각형 휘장을 달고
다녔기 때문에 누구나 그들이 '피타고라스
학교'의 학생인 것을 알 수 있었다고 한다.

그 학교의 학생들이 학교에서 배운 것이나
연구한 것은 일체 밖에다 발설할 수 없도록

피타고라스

엄격히 금지되어 있었으며 여기서 발견한 것은 모두 피타고라스의 이름으로 발표해야 했다. 그리고 그들은 결속을 다지기 위하여 여러 가지 규율 아래 절제된 생활을 하였는데, 그 규율 중에는 콩을 먹지 말라는 것도 있었다. 이는 그들이 숫자를 표시할 때 사용하는 ● 모양이 콩을 닮았기 때문이었다고 한다.

피타고라스 학교 학생들은 졸업한 후에도 학교의 휘장을 달고 다닐 만큼 결속력이 강했으며 이러한 성격 때문에 마침내는 하나의 비밀 결사 단체로 변모하였다. 세력이 커진 이들은 결국 정치에도 영향력을 미치게 되는데, 귀족의 자제가 대다수였으므로 나라의 정치가 점점 귀족 중심이 되어 갔다. 그들의 세력이 너무 커지자 이에 위협을 느낀 반대파들은 피타고라스를 붙잡아 살해하고 만다.

그러나 그의 가르침은 제자들에 의해 꾸준히 이어졌고, 그 후 수백 년 동안이나 피타고라스 학파는 활동을 계속하였다.

🫘 피타고라스의 정리

건물을 지을 때는 땅을 다지는 일도 중요하지만 건물을 반듯하게 세우는 일도 중요하다. 땅 위에서부터 돌을 쌓아올릴 때 직각이 되는지를 어떻게 측정할까? 오늘날은 각도를 재는 각종 편리한 기구가 있어서 염려가 없지만 그런 기구가 없었던 과거에는 매듭을 이용했다.

사람들은 3, 4, 5의 길이를 가지는 삼각형이 직각삼각형임을 알았다. 단위 길이를 정해 매듭을 12개 묶은 끈을 준비하자. 옆의 그림과 같이 놓으면 직각을 얻을 수 있다. 그들은 또 5, 12, 13도 직각삼각형을 이룬다는 사실을 알고 건축에 이용했다.

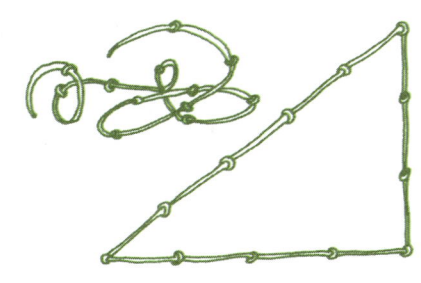

하지만 이것들은 특수한 경우일 뿐이다. 어떤 특수한 숫자에 대해서만이 아니라 직각삼각형이 만들어지는 일반적인 경우에 대해 언급한 사람이 바로 피타고라스였다.

그 유명한 '피타고라스 정리'는 다음과 같은 내용을 담고 있다.

직각삼각형에서 빗변을 한 변으로 하는 정사각형의 면적은 나머지 두 변을 각각 한 변으로 하는 정사각형의 면적의 합과 같다.

당시는 기하학이 수학의 거의 전부였기 때문에 피타고라스도 도형을 이용해 설명한 것이다. 좀더 간단하게 정리해 보면 이렇다.

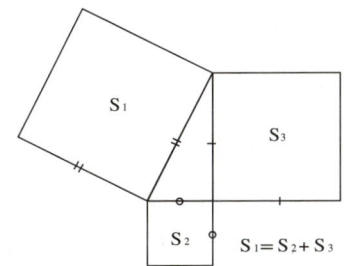

직각삼각형에서 직각을 끼는 두 변의 길이를 각각 a, b, 빗변의 길이를 c라고 하면 $a^2 + b^2 = c^2$이 성립한다

피타고라스 정리는 그 역도 성립한다.

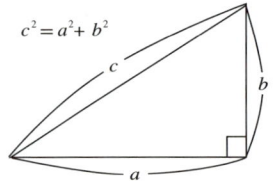

삼각형 세 변의 길이를 a, b, c 라고 할 때, 그 사이에 $c^2 = a^2 + b^2$이라는 관계가 성립한다면 이 삼각형은 빗변의 길이가 c인 직각삼각형이다.

피타고라스는 당시 사원에 깔려 있던 보도 블록을 보고 이 정리의 힌트를 얻었다고 한다.

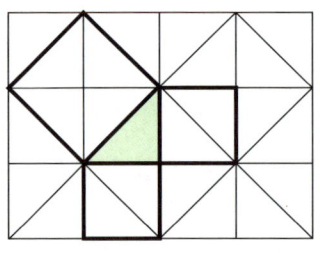

옆의 그림을 보자. 색이 칠해져 있는 직각삼각형의 주위를 유심히 보면, 빗변 위에 그려진 정사각형에는 보도 블록 4개가 들어가고 다른 변 위에 그려진 정사각형에는 각각 2개씩 들어간다. 그러면 2+2=4라는 것은 너무나 자명한 사실이므로, 작은 사각형 두 개로 큰 사각형 하나를 채울 수 있다는 결론이 나온다. 물론 이것은 직각이등변삼각형의 경우이지만 사람들은 피타고라스가 이것을 더 일반화하여 일반적인 직각삼각형의 경우에까지 적용했을 것이라고 추측하고 있다.

그리고 전하는 바에 의하면 피타고라스는 이 정리를 발견하고 나서 그 공을 신에게 돌리며 황소 100마리를 잡아 감사의 제물로 바쳤다고 한다.

이 유명한 정리는 피타고라스 이후로도 많은 수학자들이 연구하여 현재는 그 증명법이 280가지나 된다. 그 중 몇 가지만 알아보기로 하자.

(1) 먼저 그리스의 수학자 유클리드가 증명한 방법이다.

$\triangle ABF \equiv \triangle EBC$ ……①

($\because \overline{EB} = \overline{AB}$, $\overline{BC} = \overline{BF}$,

$\angle EBC = \angle ABF$ ……SAS 합동)

$\triangle ABF = \triangle LBF$ ……②

($\because \overline{BF}$는 공통, 높이는 $\overline{LB}$)

$\triangle EBC = \triangle EBA$ ……③

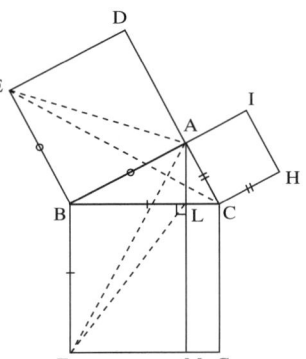

①, ②, ③ 에 의해서

$\triangle LBF = \triangle EBA$

$2\triangle LBF = 2\triangle EBA$이므로

$\square BFML = \square ADEB$

마찬가지로 $\square LMGC = \square ACHI$

$\square BFML + \square LMGC$

$= \square ADEB + \square ACHI$

$\therefore \square BFGC = \square ADEB + \square ACHI$

$\therefore \overline{BC}^2 = \overline{AB}^2 + \overline{AC}^2$

(2) 직각삼각형 하나로 할 수 있는 증명도 있다.

$\angle ACD = 90° - \angle CAD = \angle ABC$

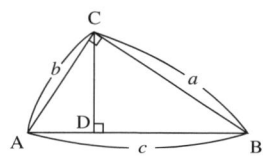

∠A는 공통이므로 △ACD∽△ABC
이다.

$$\overline{AC} : \overline{AD} = \overline{AB} : \overline{AC}$$

$$\therefore \ \overline{AC}^2 = \overline{AD} \cdot \overline{AB} \qquad \cdots\cdots ①$$

$$\angle BCD = 90° - \angle CBD = \angle BAC$$

∠B는 공통이므로 △BCD∽△BAC이다.

따라서,

$$\overline{BC} : \overline{BD} = \overline{BA} : \overline{BC}$$

$$\therefore \ \overline{BC}^2 = \overline{BD} \cdot \overline{AB} \qquad \cdots\cdots ②$$

① 에서 $b^2 = \overline{AD} \cdot c$ $\qquad \cdots\cdots ③$

② 에서 $a^2 = \overline{BD} \cdot c$ $\qquad \cdots\cdots ④$

③ + ④를 하면

$$a^2 + b^2 = (\overline{AD} + \overline{BD}) \cdot c = \overline{AB} \cdot c = c \cdot c = c^2$$

$$\therefore \ a^2 + b^2 = c^2$$

(3) 다음은 1873년 페리갈(H.perigal)이 증명한 방법이다.

□ACPF, □PDEH, □ABEG는 한 변의 길이를 각각 b, a, c
로 하는 정사각형이다. 이 때, 두
직각삼각형 ACB와 GHE에서

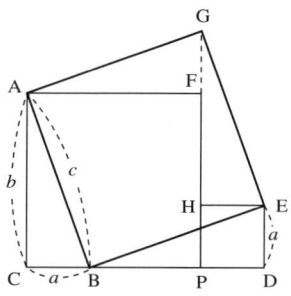

$$\overline{AB} = \overline{GE}, \ \overline{CB} = \overline{HE}$$

$$\angle CAB = 90° - \angle FAB = \angle GAF$$

$$= 90° - \angle AGF = \angle HGE$$

이므로 △BDE≡△GHE이다.

또 두 직각삼각형 BDE와 AFG에서

$$\overline{BD} = \overline{CD} - \overline{CB} = (a+b) - a = b = \overline{AF}, \quad \overline{BE} = \overline{AG}$$

$$\angle EBD = 180° - 90° - \angle ABC = 90° - \angle BAF = \angle GAF$$

이므로 △BDE≡△AFG이다. 따라서

$$a^2 + b^2 = \square ACPF + \square HPDE$$

$$= \triangle ACD + 도형\ ABEHF + \triangle BDE$$

$$= \triangle GHE + 도형\ ABEHF + \triangle AFG$$

$$= \square ABEG = c^2$$

(4) 아래 그림은 인도의 수학자 바스카라(Bhaskara : 1114～1185)의 증명이다. 그는 다음과 같이 두 개의 그림을 나란히 그려놓고 아주 간단하게 피타고라스의 정리를 증명해 냈다.

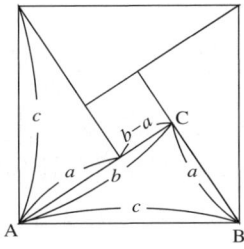 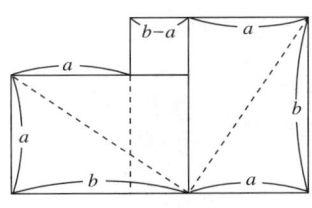

(5) 그런데 그것보다 더 간단한 증명이 동양에 있었다. 피타고라스의 정리는 서양에서 발견되었지만, 변의 길이가 3, 4, 5일 때 직각삼각형이 된다는 것은 중국 사람들도 알고 있었다. 중국에서는 이것을 '구고현(勾股弦)의 정리'라 불렀는데 구, 고, 현은 다음 쪽의 [그림1]에서 볼 수 있듯이 삼각형의 부분들을 일컫는 말이었다.

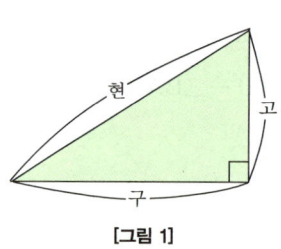

[그림 1]

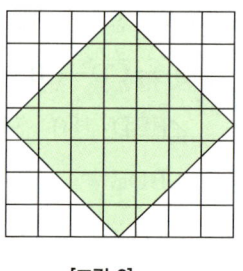

[그림 2]

이 정리의 증명은 『주비산경(周髀算經)』에 나와 있다. '주비'란 막대기를 말하는데 옛날에는 이것을 사용하여 해시계는 물론 동서남북의 방위, 동지, 하지, 춘분, 추분 등을 정하였다. 따라서 『주비산경』은 천문학을 위한 필독서인 셈이다.

중국인들은 이 책에서 아무런 설명을 덧붙이지 않고 그림 하나로 증명을 대신하고 있다([그림2]). 이는 그림 자체가 명확하기도 한 데다 논리를 싫어하고 직관을 중시했던 동양인들의 성격 때문이었다.

(6) 그림은 변의 길이의 비가 3 : 4 : 5인 것을 보여주고 있지만 이것을 일반화하는 증명도 같은 모양의 그림으로 가능하다.

$$\triangle EAF = \triangle BEH = \triangle DGH = \triangle FCG$$

$\triangle EAF$의 면적은 $\dfrac{1}{2}ab$

네 개의 삼각형의 면적을 합하면,

$$4 \times \frac{1}{2}\,ab = 2ab$$

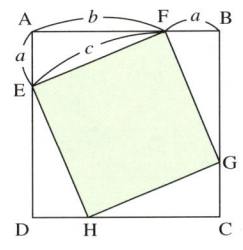

$$\square ABCD - 2ab = \square EFGH$$

$$(a+b)^2 - 2ab = c^2$$

$$\therefore \ a^2 + b^2 = c^2$$

이것은 아마도 280가지의 증명 중에서 가장 아름답고 간결한 증명일 것이다.

(7) 컴퓨터 기술의 발달로 자바 (java)를 이용해 도형을 움직여 가면서 증명의 과정과 단계를 한눈에 볼 수 있게 되었다.

ⓐ 유클리드의 증명 방법과 같은 방법으로, 작은 두 정사각 형을 직사각형으로 바꾼 후 큰 정사각형을 채우는 방법

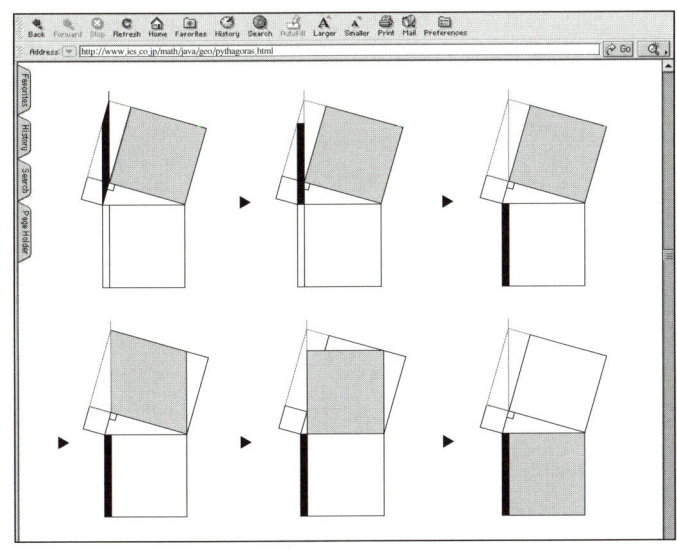

ⓑ 작은 두 정사각형이 몇 조각으로 나뉘어서 큰 정사각형을
채우는 방법

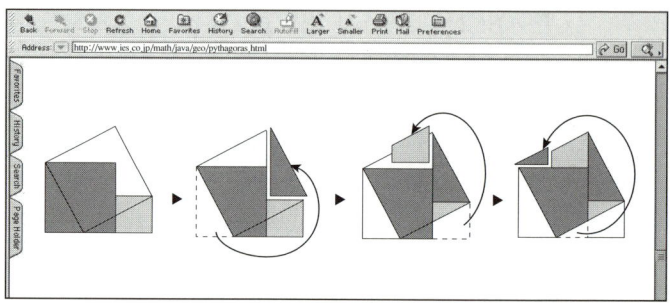

ⓒ 작은 두 정사각형이 몇 조각으로 나뉘어서 큰 정사각형을
채우는 방법

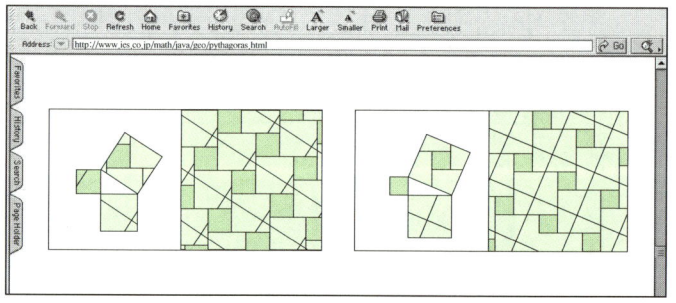

참고 http://www.ies.co.jp/math/java/geo/pythagoras.html

___정다면체

정다면체란 각 면이 합동인 정다각형으로 이루어져 있고, 또
각 꼭지점에 대한 입체각이 모두 상등인 다면체를 말한다. 이때

하나의 꼭지점에 모이는 정다각형의 개
수는 어떤 꼭지점에서든 모두 같으며
오목한 모양이 아닌 볼록한 모양이어야
한다. 우리에게 제일 익숙한 정다면체
는 주사위 모양의 정육면체. 정다면
체에는 정육면체 외에 네 가지가 더 있어 다 합쳐 다섯 가지가
있다.

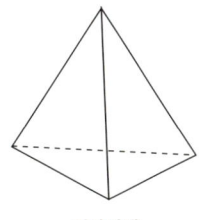

정사면체

정사면체, 정육면체, 정팔면체의 존재에 대해서는 고대 이집
트 사람들도 알고 있었다. 그러나 여기에 정십이면체, 정이십면
체가 있음을 밝혀내고, 또 정다면체는 다섯 가지뿐임을 증명한
사람들은 피타고라스 학파였다.

한 꼭지점에 정삼각형이 2개만 있으면 입체가 되지 않으므로
최소한 3개가 필요하다. 3개를 모아 놓으면 밑면이 삼각형이므
로 밑면에도 하나를 덧붙여 정삼각형 4개로 이루어지는 정사면
체가 된다. 다음으로, 한 꼭지점에 4개의 정삼각형을 모으면 피
라미드 모양이 된다. 똑같은 모양을 하나 더 만들어 거꾸로 아래
쪽에 붙이면 정삼각형 8개가 이루는 정팔면체가 된다.

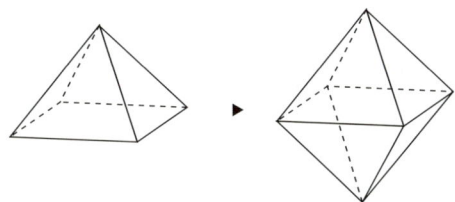

이번에는 5개의 정삼각형을 모아보자. 각 꼭지점마다 5개가
모이도록 정삼각형을 배치하면 20개로 다이아몬드 형의 정이십

면체를 만들 수 있다.

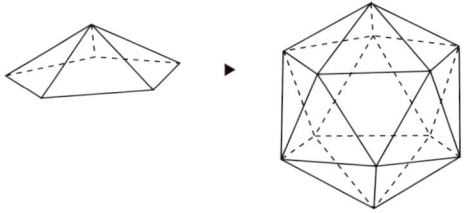

하나를 더 보태어 6개의 정삼각형을 가지고는 어떤 모양을 만들 수 있을까? 정삼각형의 한 내각은 $60°$이므로 6개를 모으면

$$60° \times 6 = 360°$$

가 되어 납작한 평면이 되고 만다.

즉 정삼각형으로 만들 수 있는 정다면체는 정사면체, 정팔면체, 정이십면체 세 가지뿐이다.

이제 정사각형을 가지고 생각해 보자. 2개는 역시 안 될 것이고 한 꼭지점에 3개를 모으면 아래 그림처럼 정육면체가 나온다.

정사각형을 하나 더 보태면 어떤가? 정사각형은 한 각의 크기가 $90°$이기 때문에

$$90° \times 4 = 360°$$

가 되어 납작해지므로 입체를 만들 수 없다. 그러므로 정사각형을 모아서 만들 수 있는 정다면체는 정육면체뿐이다.

정오각형은 3개를 모으면 아래 그림처럼 되며 이것으로 정십이면체를 만들 수 있다.

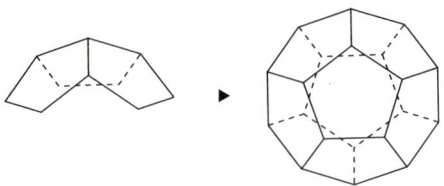

그러나 4개가 모이면 $108° \times 4 = 432°$가 되어 볼록한 입체가 생기지 않는다.

정육각형으로는 어떤 모양이 나올까? 정육각형의 한 내각이 $120°$이므로 3개만 모으면 $120° \times 3 = 360°$가 되어 입체가 되지 않는다. 이는 정육각형으로 된 정다면체는 없을 뿐더러 정칠, 팔, 구, ……각형으로 된 정다면체 역시 없을 것이라는 걸 말해 주고 있다.

결국 정다면체는 정사면체, 정육면체, 정팔면체, 정십이면체, 정이십면체의 다섯 종류밖에 없음이 입증된 것이다.

그리스 사람들은 이 정다면체를 가지고 우주를 설명했다. 그들은 우주가 불, 흙, 공기, 물 네 가지 원소로 이루어져 있다고 믿었는데, 이 네 원소는 모두 정다면체의 모양을 갖고 있다고 생각하였다. 즉 불은 정사면체, 흙은 정육면체, 공기는 정팔면체, 물은 정이십면체이며, 이 네 원소는 모두 정십이면체

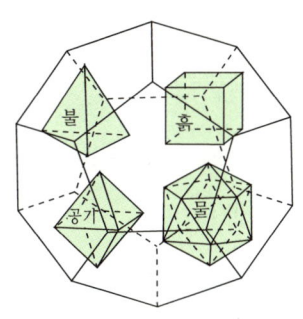

인 우주 속에 있다고 생각했다.

논리적이고 이성적인 사고 체계를 세운 그리스 인들에게 전혀 논리적이지 않은 이와 같은 사고가 혼재되어 있었다는 것도 재미있는 일이다.

정오각형과 황금 분할

피타고라스 학파 사람들은 학교에 다닐 때는 물론이려니와 졸업 후에도 별 모양의 휘장을 자랑스럽게 달고 다녔다. 그 별은 정오각형의 각 변을 연장해서 만든 것이었다. 그런데 이들이 여러 도형 중에 왜 정오각형을 택하였는지에 대해서는 두 가지 설이 있다. 하나는 당시 사람들이(특히 피타고라스 학파가) 우주의 상징으로 믿었던 정십이면체의 각 면이 정오각형이었기 때문이라는 설이고, 또 하나는 그들이 정오각형을 작도할 줄 안다는 사실을 자랑스럽게 여겼기 때문이라는 설이다.

정오각형을 작도하기 위해서 먼저 정오각형의 성질을 알아보자.

한 변의 길이가 1인 정오각형 ABCDE가 있다. 대각선 AC와 대각선 BE의 교점을 F라 하자. 그러면 $\angle \alpha = \angle \beta$이다.

또 $\overline{AC}$와 $\overline{DE}$는 평행이기 때문에 동위각인 두 각 $\angle \beta = \angle \gamma$가 된다.

$$\therefore \angle \alpha = \angle \beta = \angle \gamma$$

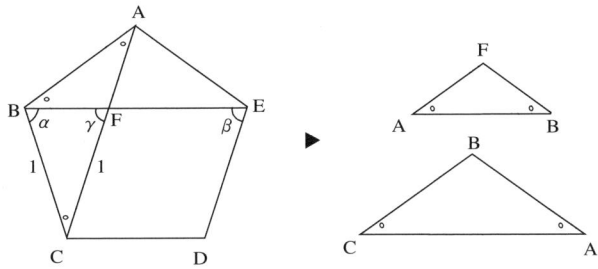

즉 △BCF는 이등변삼각형이다.

$$\overline{BC} = \overline{CF} = 1$$

한편 △ABF와 △ABC는 닮은 꼴이다.

(∵ ∠BAF = ∠ABF = ∠BAC = ∠BCA)

$$\overline{FA} \; : \; \overline{BC} = \overline{AB} \; : \; \overline{CA}$$

$\overline{BC} = \overline{CF}$ 이므로,

$$\overline{FA} \; : \; \overline{CF} = \overline{AB} \; : \; \overline{CA}$$

대각선 CA의 길이를 x라 하면,

$$\overline{CA} = x, \; \overline{AB} = \overline{FC} = 1, \; \overline{FA} = 1 - x$$이므로,

$$1 - x : 1 = 1 : x$$

비례식에서 '내항의 곱은 외항의 곱과 같다'는 성질을 이용하면,

$$1 \cdot 1 = x(1 - x)$$

$$x^2 - x + 1 = 0$$

근의 공식으로 근을 구하면,

$$x = \frac{1 + \sqrt{5}}{2} \, (x > 0)$$가 된다.

즉 한 변의 길이가 1인 정오각형의 대각선은 $\dfrac{1+\sqrt{5}}{2}$ 이다.

피타고라스는 이 성질을 이용하여 정오각형을 작도했다.

먼저 길이가 1인 $\overline{AB}$ 를 잡는다. $\overline{AB}$ 의 수직 이등분선 위에 길이가 1이 되는 점 P를 잡는다.

그러면 피타고라스 정리에 의해,

$$\overline{AP} = \sqrt{(\tfrac{1}{2})^2 + 1^2} = \frac{\sqrt{5}}{2} \text{ 이다.}$$

다음, $\overline{AP}$ 의 연장선 위에 $\overline{PQ} = \dfrac{1}{2}$ 인 점 Q를 잡으면,

$$\overline{AQ} = \frac{\sqrt{5}}{2} + \frac{1}{2} \text{ 이 된다.}$$

이 $\overline{AQ} = \dfrac{1+\sqrt{5}}{2}$ 는 한 변의 길이가 1인 정오각형의 대각선 길이다.

그러므로 남은 작업은 간단하다. 컴퍼스의 한쪽 끝을 A에 고정시키고 $\overline{AQ}$ 의 길이를 반지름으로 하는 원을 그려 $\overline{AB}$ 의 수직 이등분선과 만나는 점을 C라 하면 C는 정오각형의 한 꼭지점이 된다.

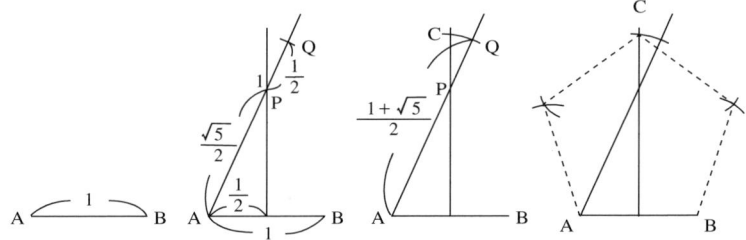

나머지 두 꼭지점은 A와 C, B와 C에서 각각 반지름이 1인 원을 그렸을 때 만나는 점이다. 일반적으로 한 변의 길이가 a인 정

오각형도 같은 방법으로 작도할 수 있다.

이제 한 변의 길이가 a인 정오각형과 그 대각선의 관계를 살펴보자. 옆의 그림에서 본 것처럼,

$\triangle ABC \backsim \triangle AFB$이므로

$a : x = x - a : a$가 성립한다.

$x(x-a) = a^2$

$x^2 - ax - a^2 = 0$

근의 공식에 대입하면,

$x = \left(\dfrac{1 \pm \sqrt{5}}{2}\right)a$이나 $x > 0$이므로

$x = \left(\dfrac{1 + \sqrt{5}}{2}\right)a$가 된다.

$\sqrt{5} \fallingdotseq 2.236$을 대입해 보면,

$x \fallingdotseq 1.618a$이다.

즉 $a : x = a : 1.618a \fallingdotseq 1 : 1.618$이다.

이 비례는 맨처음 파치올리(Pacioli : 1445?~1510?)의 책에 '신성한 비례'라는 이름으로 등장한 후 케플러(Kepler : 1571~1630)가 '귀중한 보석'이라고 불렀으며, 19세기부터는 '황금비'라고 이름 붙였다.

오늘날에는 수학보다는 미술에서 먼저 '황금분할선'이라는 이름으로 접하게 되는데, 이는 선분을 대략 5 : 8(1 : 1.6)의 비로 나누는 것이다.

사람들은 이 비례가 가장 아름답고 조화로운 것이라고 믿어 왔기 때문에 여러 가지 모양에 이 비례를 이용하고 있다. 가로와

세로가 황금비인 1 : 1.618의 비례를 이루는 것에는 무엇이 있을까?

사진을 넣는 액자, 성냥갑과 담배갑, 그리고 지금 보고 있는 책들이 황금비를 이루고 있다. 여러분의 주위에 있는 휴대용 라

황금비를 이루는 것

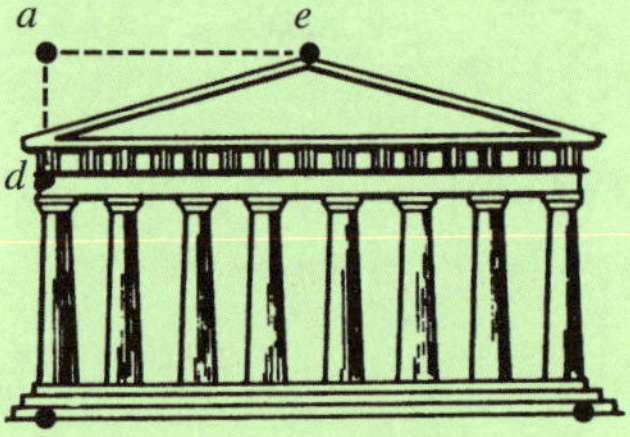

$ab : bc = 1 : \dfrac{1+\sqrt{5}}{2}$

$ad : ae = 1 : \sqrt{5}$

파르테논 신전

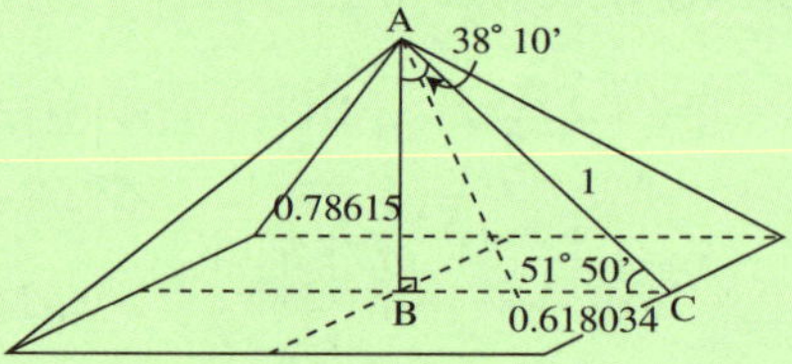

$\overline{AB} : \overline{AC} = 1 : 1.618$

38° 10'

0.78615

1

51° 50'

0.618034

피라미드

1

1.618

1

1.618

1

1.618

1

1.618

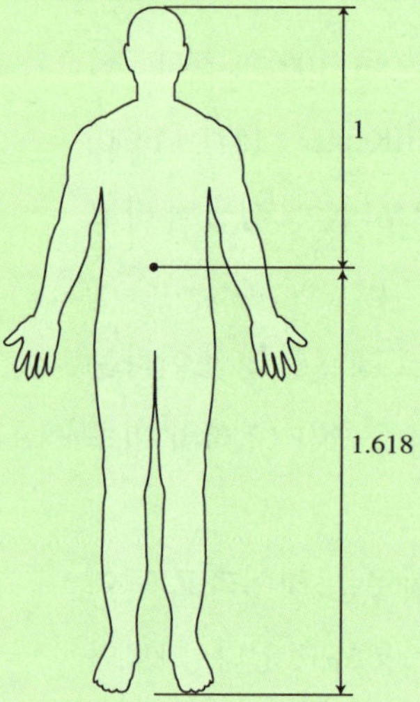

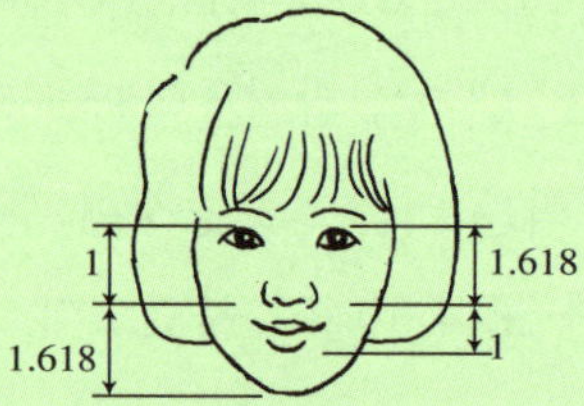

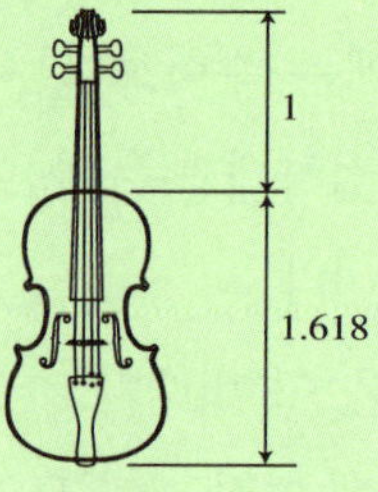

바이올린

디오, 카세트, 가방 등도 그와 같은 황금비를 가지고 있는지 조사해 보자.

3) 둥근 도형을 좋아한 아르키메데스

아르키메데스(Archimedes : B.C. 287?~B.C. 212)는 시칠리아 섬의 시라쿠사 사람으로, 젊은 시절 이집트의 알렉산드리아 대학에서 공부하였다(그는 이 대학에서 배운 수학자 가운데 가장 뛰어난 사람으로 손꼽힌다). 그는 공부를 마친 뒤 시라쿠사로 돌아와 히에론 왕 밑에서 여러 가지 연구에 힘썼다. 히에론 왕은 아르키메데스를 아끼며 극진히 대접하였을 뿐만 아니라, 그의 연구를 적극적으로 뒷받침해 주었다고 한다.

아르키메데스

그는 수학, 물리학, 기계학, 수력학 등 여러 분야에 관심을 둔 천재적인 과학자이자 수학자로 알려져 있다.

어느 날 목욕을 하던 그가 부력의 원리를 발견하고는 너무나 기쁜 나머지 벌거벗은 채 거리로 뛰쳐나갔다는 일화는 너무 유명하다. 또 그는 지렛대의 원리를 알아 이를 실생활에 활용하였으며, 전쟁 무기를 제작하는 데에도 뛰어났다. 그리고 무엇보다 그는 원, 구, 원기둥 등 도형에 대한 연구를 많이 하였는데 결국 둥근 도형을 너무 좋아하였던 것이 그를 죽음으로 이끌었다. 이런 점에서 그는 묘한 운명을 지닌 사람이었다.

🪨___ 지렛대의 원리를 알아내다

손으로는 도저히 움직일 수 없는 무거운 바윗돌도 적당한 막대와 받침만 있다면 움직이게 할 수 있다. 막대의 한 끝을 바위 밑으로 넣고 거기서 조금 떨어진 막대 밑에 받침을 댄 다음, 막대의 다른 끝을 누르면 바위가 쉽게 들린다. 이때 사용하는 막대를 지렛대라고 부른다.

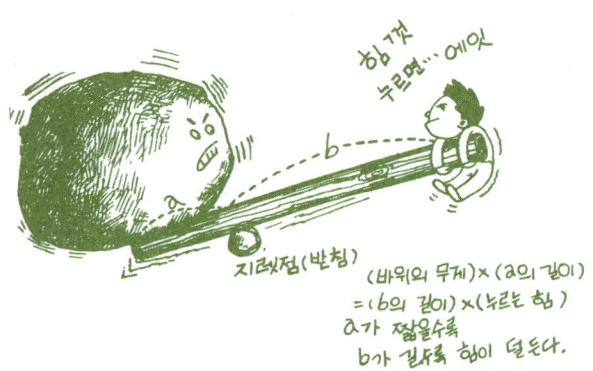

어떻게 하면 작은 힘으로 무거운 물체를 움직일 수 있을까? 이에 대한 대답을 처음으로 생각해 낸 사람이 바로 아르키메데스다. 그는 지렛대의 반비례 법칙을 발견한 뒤 히에론 왕 앞에서 호기 있게 "만약 나에게 지렛대와 지렛점을 준다면 저 달을 움직여 보이겠다"고 장담하기도 하였다.

이러한 지렛대의 원리는 우리 생활 곳곳에서 활용되고 있는데, 시소도 그 중 하나다.

무거운 사람과 가벼운 사람이 시소를 탄다고 하자. 이 두 사람이 똑같이 양쪽 끝에 앉으면 당연히 무거운 사람쪽이 내려간다. 그러나 무거운 사람이 중심쪽으로 앞당겨 앉으면 균형이 맞아 재미있게 시소 놀이를 할 수 있다. 이는 지렛대의 원리 때문인데, 여기서 균형을 이루었을 때의 중심이 지렛점이다.

이 원을 밟지 말아라

아르키메데스는 과학의 원리를 이용해 무기를 제작하는 데에도 힘썼다. 그의 고향 시라쿠사가 로마의 침략을 받았을 때 그는 히에론 왕의 부탁으로 갖가지 새로운 무기를 만들었다. 그는 기발하게도 오목 렌즈를 조립한 거대한 육각형의 거울을 만들어서 이것을 가지고 태양 광선을 반사시켜 로마의 배를 불태웠다. 또 고대 로마를 배경으로 한 전쟁 영화에 나오는 돌을 던지는 기계도 그가 처음 만들었다고 한다. 적군인 로마의 장군 마르켈루스조차도 그가 만든 무기에 감탄하여 아르키메데스를 '100개의

아르키메데스의 최후

눈을 가진 거인 브리아레오스(Briareos)'라고 불렀다.

아르키메데스의 뛰어난 무기가 큰 힘이 되긴 했지만 그 전쟁은 수적으로 우세였던 로마 군의 승리로 끝났다. 그래서 시라쿠사 이곳저곳에 로마 병사들이 들이닥쳤고 마침내는 아르키데메스가 사는 집에도 들어왔다. 그때 마침 그는 모래판 위에 원을 그려가며 연구에 몰두해 있었다. 그가 누구인지도 모르는 로마 병사가 모래판을 짓밟자 아르키메데스는 "이 원을 밟지 말라"며 호통을 쳤다. 한낱 점령지 시민에 불과한 노인이 호통을 치자 이에 격분한 로마 병사는 그만 그 자리에서 아르키메데스를 죽이고 말았다.

아르키메데스의 명성을 익히 듣고 있던 로마 장군 마르켈루스는 시라쿠사를 점령하였을 때 '아르키메데스는 꼭 살려두라'는 명령을 내렸었다. 아르키메데스야말로 값진 전리품이라는 것을 알고 있었기 때문이다. 그러나 그의 명령은 그대로 수행되지 않았다. 평소 아르키메데스를 깊이 존경하였던 마르켈루스는 그의 죽음을 애도하여 비록 점령국의 과학자이지만 예우를 갖추었다. 그래서 '원기둥에 구가 내접한 모양의 묘비를 세워달라'는 아르키메데스의 생전 희망은 그대로 실현되었다.

아르키메데스의 원리

아르키메데스가 히에론 왕 밑에서 연구를 하고 있을 때의 일이다. 히에론 왕은 한 연금술사에게 순금으로 된 왕관을 만들게 하였는데 그 왕관이 순금이 아니라는 소문이 나돌았다. 하지만 겉으로 보아서는 순금인지 아닌지를 알 도리가 없어서 헤론 왕은 아르키메데스에게 판별해 줄 것을 부탁하였다. 아르키메데스는 고민에 빠졌다. 왕관을 조금 긁어 내어 판별해 보면 금방 알 수 있지만 그렇게 하면 왕관에 흠이 생기므로 건드릴 수도 없었다. 생각을 거듭해도 좋은 방법이 떠오르지 않고 시간은 자꾸 흘러갔다.

하루는 아르키메데스가 긴장도 풀 겸 목욕을 하고 있었는데 그때 그는 자신의 몸이 물 속에서 가벼워져 있음을 새삼스럽게 깨달았다.

"옳지, 이거야. 맞아, 바로 이거야 !"

오랫동안 고민해 온 문제의 실마리를 잡은 아르키메데스는 너무 기뻐 벌거벗은 채로 목욕탕에서 집까지 달려갔다. 집에 돌아온 그는 우선 왕관과 같은 무게의 금 덩어리와 은 덩어리를 준비했다. 그리고는 왕관과 금과 은 덩어리를 차례로 물 속에 넣었다 빼서 넘

친 물의 양을 각각 계산했다. 그래서 왕관을 넣었다 빼면서 넘친 물의 양이, 같은 무게의 순금 덩어리를 넣었다 뺀 물의 양과 같지 않음을 밝혀냈다. 이것으로 왕관이 순금으로 만들어지지 않았음을 밝혔을 뿐만 아니라 금과 은이 섞인 양까지 정확히 알아내어 히에론 왕을 감탄케 했다고 한다.

그가 발견한 것은 '물체를 물 속에 넣으면 그 물체와 같은 부피의 물 무게만큼 가벼워진다'는 부력의 원리로, 이는 아르키메데스의 원리라고도 한다. 수영장에서 무거운 사람을 쉽게 들어 올릴 수 있는 것도 바로 이 원리 때문이다.

 원의 넓이 구하기

이집트 사람들의 방법

토지 측량 기술이 뛰어났던 이집트 사람들은 갖가지 모양의 토지 면적을 재는 방법을 알고 있었다. 린드 파피루스에는 원의 넓이를 구하는 방법이 나와 있는데, 이는 정확한 계산법은 아니고 실생활에서 쉽게 이용할 수 있게 한 것이다. 거기에는 반지름이 r인 원의 넓이를 구하려면 한 변의 길이가 $\frac{16}{9}r$인 정사각형의 넓이를 구하면 된다고 쓰여 있다. 이러한 방법이 얼마나 정확한지 한번 알아보자. 우리가 알고 있는 공식으로는 반지름이 r인 원의 넓이는

$$\pi r^2 = 3.1415926\cdots \times r^2$$

이다. 그런데 한 변의 길이가 $\frac{16}{9}r$인 정사각형의 넓이는

$$\left(\frac{16}{9}r\right)^2 = \frac{64}{81}r^2$$

$$= 3.1604938\cdots \times r^2$$

이 되니 거의 정확한 수치다.

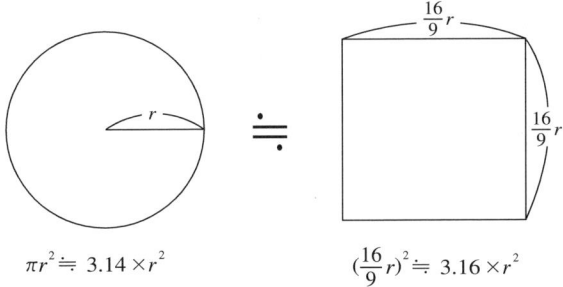

$$\pi r^2 \fallingdotseq 3.14 \times r^2 \qquad\qquad \left(\frac{16}{9}r\right)^2 \fallingdotseq 3.16 \times r^2$$

그리스 사람들의 방법

그리스 사람들도 원의 넓이를 구하는 문제를 연구하다가 결국 두 가지 방향으로 생각하게 되었다. 하나는 이집트 사람처럼 원을 그와 똑같은 넓이의 정사각형으로 작도할 수 있는가 하는 순수한 기하학의 문제이고, 또 다른 하나는 얼마나 정확하게 원의 넓이를 계산할 수 있는가 하는 문제였다.

첫번째 문제에는 많은 사람들이 도전했지만 실패를 거듭하다가 결국 작도가 불가능하다는 것이 밝혀졌다. 두 번째로 원의 넓이를 구하는 문제는 B.C. 430년경 아테네 출신의 소피스트 안티폰이 획기적인 생각을 해냈다.

먼저 원에 내접하는 정사각형을 작도하고 다시 정팔각형, 정십육각형, …… 식으로 한없이 작도를 계속하면 변의 수가 무한히 많은 다각형이 그려진다. 이 다각형 둘레의 길이가 원 둘레의 길이와 일치한다는 것이다.

여기 변의 수가 무한히 많은 정n각형이 있다.

이 정n각형은 이등변삼각형 OAB가 n개 모인 것이다. 그러므로 정n각형의 넓이는 이등변삼각형 OAB의 n배가 된다. 그런데

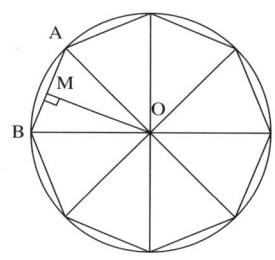

$$\triangle OAB = \frac{1}{2} \times \overline{AB} \times \overline{OM} \text{ 이므로}$$

정n각형의 넓이는,

$$(\frac{1}{2} \times \overline{AB} \times \overline{OM}) \times n$$

$$= \frac{1}{2} \times (\overline{AB} \times n) \times \overline{OM}$$

이다. 여기에서 정n각형의 변의 수가 무한히 많다고 했으니까 정n각형의 둘레의 길이는 원의 둘레에 가까워지고 삼각형의 높이는 반지름에 가까워진다. 즉 위 식에서 $\overline{AB} \times n$은 $2\pi r$에 가까워지고 $\overline{OM}$은 r에 가까워진다. 극한을 사용하면,

$$\lim_{n \to \infty} (\overline{AB} \times n) = 2\pi r$$

$$\lim_{n \to \infty} \overline{OM} = r$$

이다. 따라서 원의 넓이는,

$$\lim_{n \to \infty} \{\frac{1}{2} (\overline{AB} \times n) \times \overline{OM}\}$$

$$= \frac{1}{2} \times 2\pi r \times r$$

$$= \pi r^2$$

이 된다.

안티폰의 이 기발한 생각, 즉 정n각형의 변의 수를 늘려가면

원이 된다는 생각은 사실 그림을 그려서 확인할 수는 없다. 그래서 당시 그리스 사람들은 직선 도형＝곡선 도형이 된다는 생각은 인정하지 않았다. 드디어는 이 문제가 어려운 철학 문제로까지 확대되었고 그러다가 이 골치 아픈 '무한 개념'은 그리스 인에게서 멀어졌다고 한다. 안티폰의 생각은 훗날 근대 수학의 기초인 적분 사상의 시초가 되었다.

아르키메데스의 방법

아르키메데스는 안티폰의 원 넓이 계산법을 받아들여 자신의 책에 이 결과들을 기록하였다. 아르키메데스는 원넓이를 구하는 순서를 다음과 같이 하였다.

① 원의 둘레의 길이를 구한다…… $2\pi r$

② 원의 둘레의 길이에 반지름을 곱한다…… $2\pi r^2$

③ 위의 결과를 2로 나눈다…… $\dfrac{2\pi r^2}{2} = \pi r^2$

이렇게 하면 원의 넓이는 밑변이 그 원둘레이고 높이가 그 반지름인 직각삼각형의 넓이와 같아진다.

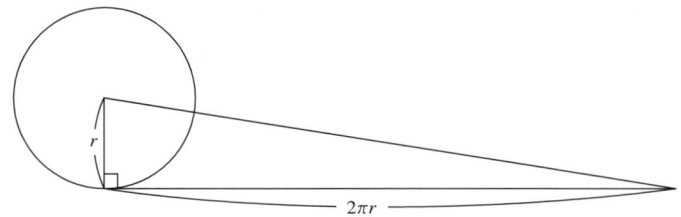

이런 아르키메데스의 방법은 과정은 다르지만 그 결과는 지금 우리가 알고 있는 바와 같다.

원주율 π

원의 넓이를 구하는 데는 π라는 기호를 사용한다. 이것을 우리는 **원주율**이라 부른다. 원주율은 원의 지름($2r$)에 대한 원의 둘레(ℓ)의 비율인데, 이는 어떤 원에서도 항상 일정하다. 원주율이라는 용어를 쓰기 시작한 사람은 오일러(Euler : 1707~1783)이다.

실제로 아르키메데스의 방법으로 원의 넓이를 구하려면 원주율 π의 값을 알아야 한다. 아르키메데스는 원주율의 값을 정확히 구할 수가 없자(물론 누구라도 무리수 π의 값을

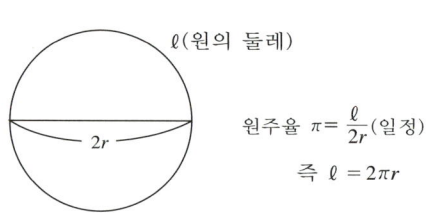

구할 수 없지만) 그에 가까운 근사치를 구하였다. 그는 안티폰이 했던 것처럼, 우선 한 원에 내접하는 정96각형을 그리고, 또 그 원에 외접하는 정96각형을 그렸다. 그러면 원의 둘레는 내접 96각형의 둘레보다는 길고, 외접 96각형의 둘레보다는 작음을 알 수 있다.

아르키메데스는 이 두 다각형의 둘레를 구하고 여기에서 다음과 같은 사실을 알아냈다.

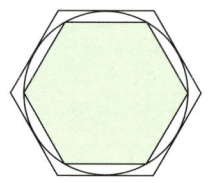

내접 96각형의 둘레 $< 2\pi r <$ 외접 96각형의 둘레

$$\downarrow$$

$$3\frac{10}{71} < \pi < 3\frac{1}{7}$$

이것은 약 $3.14084 < \pi < 3.142858$이니 꽤 정확한 값이다. 아르키메데스는 원주율의 근사값으로 3.14를 사용하였다.

원주율의 근사값
아메스의 파피루스 ··· $\pi \fallingdotseq 3.16$
구장산술 ·· $\pi \fallingdotseq 3$
아르키메데스 ·· $\pi \fallingdotseq 3.14$
조충지 ··· $\pi \fallingdotseq 3.141592$

원주율을 원하는 자리까지 구하고 싶을 때는 매킨(John Machin : 1685~1751)의 공식을 이용하면 얼마든지 구할 수 있다.

$$\pi = 16\{\frac{1}{5} - \frac{1}{3}(\frac{1}{5})^2 + \frac{1}{5}(\frac{1}{5})^5 - \frac{1}{7}(\frac{1}{5})^7 + \frac{1}{9}(\frac{1}{5})^9 \cdots \}$$

$$-4\{\frac{1}{239} - \frac{1}{3}(\frac{1}{239})^2 + \frac{1}{5}(\frac{1}{239})^5 - \frac{1}{7}(\frac{1}{239})^7 + \cdots \}$$

이것으로 컴퓨터가 나온 후에 그 계산은 더욱 간단해졌다.

```
3.14159 26535 89793 23846 26433 83279 50288 41971 69399 37510
58209 74944 59230 78164 06286 20899 86280 34825 34211 70679
82148 08651 32823 06647 09384 46095 50582 23172 53594 08128
48111 74502 84102 70193 85211 05559 64462 29489 54930 38196
44288 10975 66593 34461 28475 64823 37867 83165 27120 19091

45648 56692 34603 48610 45432 66482 13393 60726 02491 41273
72458 70066 06315 58817 48815 20920 96282 92540 91715 36436
78925 90360 01133 05305 48820 46652 13841 46951 94151 16064
33057 27036 57595 91953 09218 61173 81932 61179 31051 18548
07446 23799 62749 56735 18857 52724 89122 79381 83011 94912

98336 73362 44065 66430 86021 39494 63952 24737 19070 21798
60943 70277 05392 17176 29317 67523 84674 81846 76694 05132
00056 81271 45263 56082 77857 71342 75778 96091 73637 17872
14684 40901 22495 34301 46549 58537 10507 92279 68925 89235
42019 95611 21290 21960 86403 44181 59813 62977 47713 09960
```

51870	72113	49999	99837	29780	49951	05973	17328	16096	31859
50244	59455	34690	83026	42522	30825	33446	85035	26193	11881
71010	00313	78387	52886	58753	32083	81420	61717	76691	47303
59325	34904	28755	46873	11595	62863	88235	37875	93751	95778
18577	80532	17122	68066	13001	92787	66111	95909	21642	01980
38095	25720	10654	85863	27886	59361	53381	82796	82303	01952
03530	18529	68995	77362	25994	13891	24972	17752	83479	13151
55748	57242	45415	06959	50829	53311	68617	27855	88907	50933
81754	63746	49393	19255	06040	09277	01671	13900	98488	24012
85836	16035	63707	66010	47101	81942	95559	61989	46767	83744
94482	55379	77472	68471	04047	53464	62080	46684	25906	94912
93313	67702	89891	52104	75216	20569	66024	05803	81501	93511
25338	24300	35587	64024	74964	73263	91419	92726	04269	92279
67823	54781	63600	93417	21641	21992	45863	15030	28618	29745
55706	74983	85054	94588	58692	69956	90927	21079	75093	02955
32116	53449	87202	75596	02364	80665	49911	98818	34797	75356
63698	07426	54252	78625	51818	41757	46728	90977	77279	38000
81647	06001	61452	49192	17321	72147	72350	14144	19735	68548
16136	11573	52552	13347	57418	49468	43852	33239	07394	14333
45477	62416	86251	89835	69485	56209	92192	22184	27255	02542
56887	67179	04946	01653	46680	49886	27232	79178	60857	84383
82796	79766	81454	10095	38837	86360	95068	00642	25125	20511
73927	84896	08412	84886	26945	60424	19652	85022	21066	11863
06744	27862	20391	94945	04712	37137	86960	95636	43719	17287
46776	46575	73962	41389	08658	32645	99581	33904	78027	59009
94657	64187	95126	94683	98352	59570	98258		2035 자리의 π	

 **구의 겉넓이**

아르키메데스는 구의 겉넓이는 그 구의 반지름을 반지름으로 하는 원의 넓이의 4배라는 것도 알아내었다.

$$S = 4\pi r^2 (S : \text{구의 겉넓이})$$

$$(r : \text{구의 반지름})$$

아르키메데스는 구를 무한히 가로로 쪼개었을 때 생긴 원들

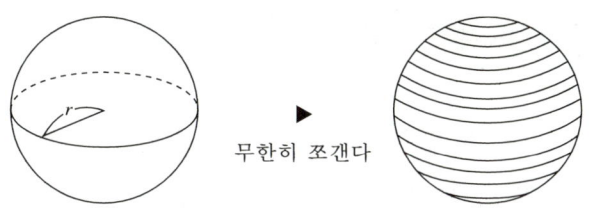

무한히 쪼갠다 ▶

의 둘레의 합이 곧 구의 겉넓이와 같다는 생각에서 위와 같은 결과를 얻어낸 것이다.

 구와 원기둥의 부피

아르키메데스는 또 위와 같이 무수히 쪼개는 방법을 이용하여 구와 원기둥의 부피까지 구하였다. 즉 구의 부피는 무한히 쪼갠 원들의 넓이의 합이고 원기둥의 부피는 밑면을 높이만큼 쌓은 것이다. 그가 좋아한 증명의 하나가 '원기둥에 내접하는 구의 부피는 그 원기둥의 부피의 $\frac{2}{3}$ 와 같다'고 하는 것이다.

즉 원기둥의 부피는 밑넓이×높이이므로

$(\pi r^2) \times 2r = 2\pi r^3$ 인데,

구의 부피를 V라고 하면,

$V = \frac{2}{3} \times 2\pi r^3$

$= \frac{4}{3}\pi r^3$ 이 된다.

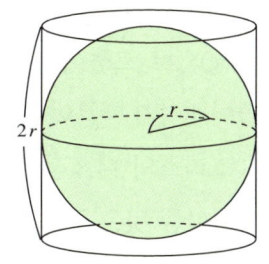

아르키메데스가 증명하기를 좋아했던 원기둥과 구와의 관계를 그린 위의 그림은 그의 유언대로 묘비에 그려져 있다.

4) 3대 작도 불능 문제

그리스 인들은 이성적이고 논리적인 사고를 중시했다. 그들은 실용적인 가치보다도 바른 지식 체계를 중요시하였으므로 의외로 쉽게 풀 수 있는 문제도 어렵게 푸는 경우가 많았다. 그 대표적인 경우가 3대 작도 불능 문제인데, 이것은 자와 컴퍼스만으로는 작도가 불가능한 세 가지를 말한다.

그리스 인들은 굳이 자와 컴퍼스만으로 작도하는 것을 강조하고 있는데, 그것은 그들이 작도하기 가장 간단한 도형을 신성시하고 기술적인 도형(타원, 쌍곡선, 포물선이나 그 외 기계를 사용해서 그릴 수 있는 도형)은 천한 것으로 생각했기 때문이다.

결국 그들은 자(눈금이 없는)로 그을 수 있는 직선과 컴퍼스로 그릴 수 있는 원만을 사용하여 작도하는 전통을 가지게 되었다.

그러한 전통은 플라톤 때부터 시작되었다. 그의 말을 들어보자. "자와 컴퍼스 이외의 다른 작도 방법은 기하학의 장점을 포기하고 파괴하는 것이다. 그것은 기하학을 영원한 사상의 영상(映像)으로 드높이기는커녕 오히려 이것을 다시 감각의 세계로 끌어내리기 때문이다."

그리스의 대표적인 수학자 피타고라스도 입체 도형 중 가장 아름다운 것은 구이고, 평면 도형 중 가장 아름다운 것은 원이라고 강조하였다. 그러한 사고의 영향으로 당시의 종교적 상징인 건축물에는 원과 직선을 많이 사용했다.

그러나 자와 컴퍼스만으로 작도해야 한다는 제약은 수많은

수학자들을 괴롭혔으며 여기에서 세 가지 어려운 문제가 탄생하게 된다.

첫째, 임의의 각을 삼등분하는 것.
둘째, 한 정육면체의 2배의 부피를 갖는 정육면체를 만드는 것.
셋째, 원과 같은 넓이를 갖는 정사각형을 만드는 것.

처음 문제가 제기된 후로 2000여 년이 지난 18세기에 와서야 자와 컴퍼스만으로는 위의 세 가지를 작도하는 것이 불가능하다는 것이 판명되었다.

그 내용을 차례로 살펴보기로 하자.

 각의 삼등분선

중학교에서 작도를 배울 때 제일 먼저 하는 것 중의 하나가

각을 이등분하는 일이다.

자와 컴퍼스를 들고 시작해 보자.

임의의 각 ∠XOY가 주어져 있다.

점 O에 컴퍼스 중심끝을 놓고 돌려 $\overrightarrow{OX}$, $\overrightarrow{OY}$ 와 만난 점을 각각 A, B라 하자.

점 A와 점 B에서 똑같은 원을 그려 만나는 점을 C라 하고 점 O와 C를 이으면 된다.

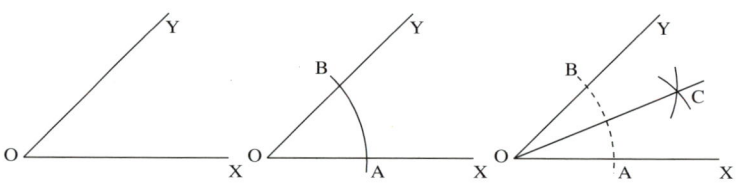

이등분선의 작도가 성공했으므로 삼등분선의 작도에 도전하는 것은 당연하다.

먼저 특수각인 90°를 삼등분해 보자.

직각인 ∠AOB에서 O에 중심을 둔 원이 $\overline{OA}$, $\overline{OB}$ 와 만난 점을 C, D라 한다.

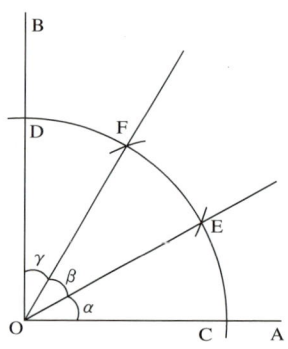

C, D에서 꼭 같은 원을 그렸을 때 처음 원과 만난 점을 O와 이으면 된다(점 E와 F).

증명은 간단하다.

같은 반지름으로 원을 그렸기 때문에,

$\overline{OD}=\overline{OE}=\overline{DE}=\overline{OC}=\overline{OF}=\overline{CF}$이고

$\triangle ODE$와 $\triangle OCF$는 정삼각형이다.

$$\angle\alpha+\angle\beta=60°$$

$$\angle\gamma+\angle\beta=60°$$

$$\angle\alpha+\angle\beta+\angle\gamma=90°$$

$$\therefore\ \angle\alpha=\angle\beta=\angle\gamma=30°$$

90°의 삼등분선을 작도한 그리스 사람들은 용기를 얻어 임의의 각을 삼등분하려 했다. 그러나 그것은 쉽지 않았다.

맨 처음 이 문제를 해결한 사람은 히피아스(Hippias : B.C. 5세기경)였는데 그의 방법은 '자와 컴퍼스만' 사용한 것은 아니었다. 정사각형 ABCD에서 변 BC를 일정한 속도로 평행하게 아래로 움직여 $\overline{AD}$에 이르게 한다. 또 변 AB를 같은 속도로 A를 중심으로 회전시켜 $\overline{BC}$가 $\overline{AD}$에 이르는 것과 똑같은 시간에 $\overline{AD}$에 이르도록 움직였다. 이렇게 움직이는 두 선분 $\overline{AB}$와 $\overline{BC}$가 만나는 점들을 다 모아보면 다음과 같은 곡선이 나오는데 이 곡선을 **히피아스의 곡선**[또는 원적곡선(圓積曲線)]이라 한다.

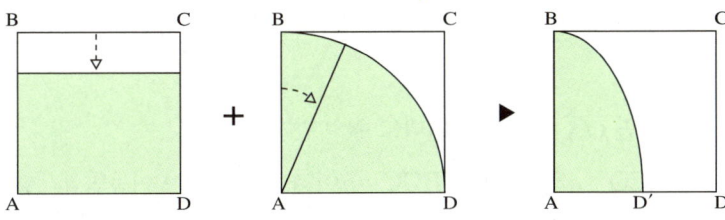

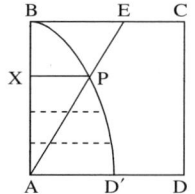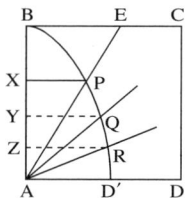

이 정사각형 위에 삼등분하고자 하는 ∠EAD를 올려놓는다.

이때 곡선 BD′와 AE가 만난 점을 P라 하고 P에서 $\overline{AB}$에 수선을 내려 X라 한다.

선분 $\overline{AX}$를 삼등분하여 차례로 Y, Z라 한 다음 $\overline{AB}$에 수직인 선을 그어 곡선 BD′와 만난 점을 Q, R이라 하면 $\overline{AQ}$와 $\overline{AR}$이 바로 삼등분선이 된다.

그 후에 아르키메데스는 다른 방법을 생각해냈다.

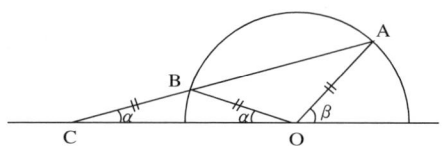

먼저 삼등분하고자 하는 각 β를 놓고 점 O를 중심으로 임의의 원을 그린다. 점 A에서 직선을 그어 $\overline{OA} = \overline{BC}$가 되는 점 B와 C를 잡는다(단 B는 원 위에, C는 각 β의 밑변의 연장선 위에 있어야 한다).

그러면 $\overline{OA} = \overline{OB}$가 된다(∵ 원의 반지름).

∠BCO$=\alpha$라 하면, ∠BOC$=\alpha$이다(∵ △BCO가 이등변삼각형).

'삼각형의 한 외각의 크기는 인접하지 않은 두 내각의 합과 같다'라는 정리에 의하면,

$$\angle ABO = \angle BCO + \angle BOC$$

$$= \alpha + \alpha = 2\alpha \text{ 가 된다.}$$

그런데 $\angle BAO$도 2α이다($\because \triangle ABO$는 이등변삼각형).

$\triangle ACO$에서 β는 한 외각이므로,

$$\beta = \angle CAO + \angle OCA = 2\alpha + \alpha = 3\alpha \text{ 이다.}$$

그러나 이 방법도 '자와 컴퍼스만으로'라는 조건에 맞지 않는다. B, C를 잡을 때 $\overline{BC}$가 원의 반지름과 같아야 하는데 이것은 눈금 없는 자로는 어렵기 때문이다.

또 다음과 같은 도구를 만든 사람도 있었다.

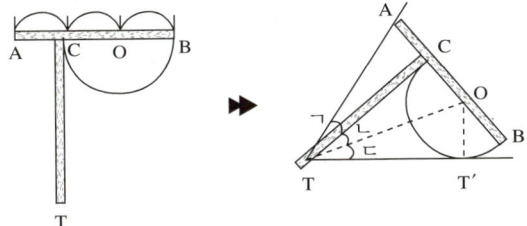

흔히 제도할 때 쓰는 T자 모양의 자(윗변의 $\frac{1}{3}$ 지점에 자루가 달려 있다)에 점 O를 중심으로 하고 반지름이 $\overline{OB}$인 반원이 달려 있다. 이 반원이 밑변에 접하도록 놓으면 $\triangle ATC$, $\triangle CTO$, $\triangle OTT'$는 합동이 된다($\because \overline{OT'} = \overline{OC} = \overline{CA}$, $\overline{OT}$와 $\overline{CT}$는 각각 공통, 두 변이 같은 직각삼각형은 합동이다).

그러므로 $\angle ATC = \angle CTO = \angle OTT'$ 이다.

그러나 이 편한 방법도 자와 컴퍼스가 아닌 다른 기구를 썼기 때문에 그리스 수학자들을 만족시킬 수 없었다. 그 후 많은 수학자들도 이 문제를 해결하기 위해 노력했으나 별다른 성과가 없

었다.

그러나 구원의 손길은 전혀 엉뚱한 곳에서 나타났다. 세기의 수학자인 데카르트(Descartes : 1576~1650)는 도형과 방정식을 연결하는 해석기하학을 탄생시켰다. 이를 계기로 그때까지 도형으로만 풀려고 했던 작도 문제를 대수적으로 풀어 보려는 노력들이 있었다.

그 결과 자와 컴퍼스만으로 작도할 수 있는 연산은 더하기, 빼기, 곱하기, 나누기와 제곱근 구하기의 다섯 가지밖에 없다는 사실을 알아냈다.

이 사실은 곧 각의 삼등분선에 관한 것을 방정식으로 나타내었을 때 더하기, 빼기, 곱하기, 나누기와 제곱근을 구하는 계산만을 요구하는 것(1차 방정식과 2차 방정식)이면 해결할 수 있으나 그 외의 것은 불가능하다는 것을 의미한다.

자와 컴퍼스만으로 작도할 수 있는 연산

〈더하기〉

〈빼기〉

〈곱하기〉

$1 : b = a : x$

$x = a \times b$

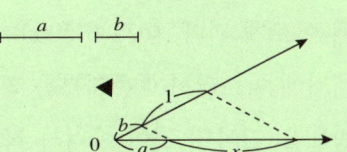

〈나누기〉

$b : 1 = a : x$

$bx = a$

$x = \dfrac{a}{b}$

〈제곱근 구하기〉

$\triangle \mathrm{ABD} \backsim \triangle \mathrm{ADC}$

$a : x = x : 1$

$x^2 = a$

$x = \sqrt{a}$

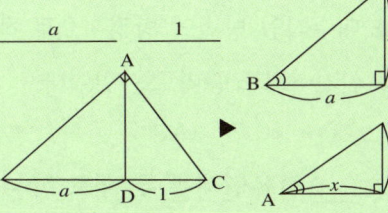

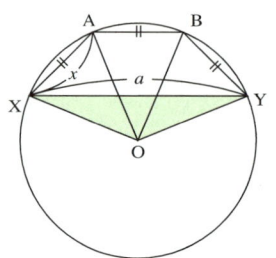

이제 각을 삼등분하는 문제를 대수적으로 바꾸어 보자.

∠XOY를 삼등분한다는 것은 $\overline{XA}$ = $\overline{AB}$ = $\overline{BY}$인 점 A, B를 잡는 것과 같다.

$\overline{XA}$ = x, $\overline{XY}$ = a라 하면 a와 x는 $x^3 - 3x + a = 0$인 관계가 된다(자세한 과정은 생략함). 이 식은 특수한 a에 대해서만 (1차)×(2차)로 인수분해될 뿐 대부분의 경우에는 3차방정식으로 남게 된다.

결국 특수한 각을 제외하고는 각의 삼등분선은 작도할 수 없다는 결론에 이르게 된다. 이로써 2000년 넘게 논란이 되던 이 문제는 18세기에 이르러서야 종지부를 찍은 셈이다.

작도의 방법을 알아낸 것이 아니라 작도가 불가능하다는 사실을 알아낸 것이라는 점이 좀 서운하긴 하지만 도형, 즉 기하의 문제를 대수적인 방법인 방정식으로 해결할 수 있었다는 것은 참으로 신기하고도 흥미로운 일이다.

정육면체를 두 배로 하는 문제

기원전 5세기경 그리스의 델로스라는 섬에 전염병이 발생하여 많은 사람이 죽었다. 겁이 난 사람들은 아폴로 신에게 전염병을 없애달라고 간청했다. 아폴로는 신전에 있는 정육면체 제단의 부피를 2배로 해주면 병을 없애주겠다고 약속했다.

사람들은 얼른 각 변을 2배로 늘린 새 제단을 만들어 놓고 이제는 전염병이 없어질 거라고 기뻐했으나 오히려 병은 더 심해졌다. 처음엔 신이 약속을 어겼다고 화를 내던 사람들은 곧 자신들의 잘못을 깨닫고 다시 생각에 잠겼다.

한 변의 길이가 a인 정육면체의 부피는 a^3이고 가로, 세로, 높이를 각각 2배로 늘린 정육면체의 부피는 $(2a)^3 = 8a^3$이므로 처음의 8배가 되어버린 것이다. 새로 만들어야 할 정육면체의 한 변의 길이를 x라 하면 $x^3 = 2a^3$이 되어야 하기 때문에 $x = \sqrt[3]{2}a$이어야 한다. 즉 문제는 $\sqrt[3]{2}$(세제곱해서 2가 되는 수 : 2의 세제곱근)를 작도하는 것으로 귀결된다. 다급해진 섬 사람들은 이 문제를 수학자들에게 부탁했고 많은 수학자들이 연구를 시작했다.

당시의 유명한 철학자이자 수학자인 플라톤도 이것을 연구하여 마침내 해결을 하긴 했지만 그것은 자와 컴퍼스만으로 작도한 것이 아니고 기계를 사용한 것이었다. 그는

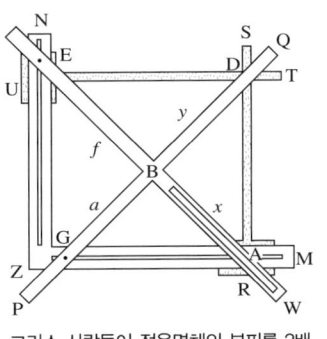

그리스 사람들이 정육면체의 부피를 2배로 하기 위해 사용한 기계

문제를 해결한 것을 뽐내지 않고 오히려 부끄러워하면서 다음과 같이 말했다.

"수학이란 기계의 힘을 빌리지 않고 자기 자신의 머리로 생각하는 데 그 아름다움이 있다. 그런데 나는 기계를 사용해서 그만 그 아름다운 학문을 더럽히고 말았다."

결국 플라톤의 지혜로 부피가 2배인 제단이 세워지고 아폴로 신은 약속대로 전염병을 없애주었다고 한다.

이 문제를 해결한 또 한 사람은 히포크라테스(Hippocrates : B.C. 430년경, '히포크라테스 선서'로 유명한 그 의사와 동명이인)인 데 그는 포물선을 이용하여 풀었다. 그러나 포물선은 자와 컴퍼스만으로는 그릴 수 없기 때문에 이것도 그들이 찾던 해답은 아니었다.

또 17세기의 대수학자인 데카르트는 다른 방법으로 이 문제를 해결하였다.

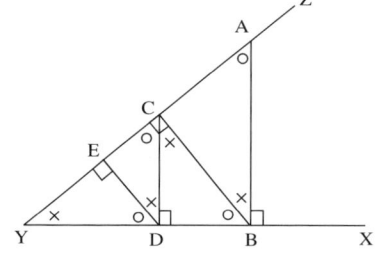

데카르트가 생각해 낸 방법 모선

$\angle XYZ$가 있을 때 $\overline{YZ}$ 위에 한 점 A를 잡는다.

A에서 $\overline{XY}$ 위로 수선을 내려 B라 하고, B에서 $\overline{YZ}$에 수선을 내려 C라 하고, C에서 $\overline{XY}$에 수선을 내려 D라 하고, 다시 D에서 $\overline{YZ}$에 수선을 내려 E라 하자.

$\triangle BYC \backsim \triangle CYD \backsim \triangle DYE$이므로

$$\frac{\overline{YC}}{\overline{YB}} = \frac{\overline{YD}}{\overline{YC}} = \frac{\overline{YE}}{\overline{YD}}$$

$\dfrac{\overline{YC}}{\overline{YB}}$ 를 세제곱하면,

$$\left(\frac{\overline{YC}}{\overline{YB}}\right)^3 = \frac{\overline{YC}}{\overline{YB}} \times \frac{\overline{YD}}{\overline{YC}} \times \frac{\overline{YE}}{\overline{YD}}$$

약분하여 정리하면

$$\left(\frac{\overline{YC}}{\overline{YB}}\right)^3 = \frac{\overline{YE}}{\overline{YB}}$$ 이다.

$\overline{YE}$ 의 길이를 $\overline{YB}$ 의 2배가 되게 하면, 즉

$\overline{YE} = 2\,\overline{YB}$ 이면 $\left(\dfrac{\overline{YC}}{\overline{YB}}\right)^3 = 2$ 가 된다.

$$\frac{\overline{YC}}{\overline{YB}} = \sqrt[3]{2}$$ 에서

$$\overline{YC} = \sqrt[3]{2} \cdot \overline{YB}$$

이것은 처음 정육면체의 한 변의 길이가 $\overline{YB}$ 일 때 부피가 두 배가 되는 정육면체의 한 변의 길이가 $\overline{YC}$ 임을 말하고 있다.

그러나 이것 역시 '자와 컴퍼스만으로'라는 조건을 달면 불합격이다.

이 문제도 수많은 수학자들을 괴롭히던 끝에 각의 삼등분선 작도가 불가능한 것과 마찬가지로 불가능한 일임이 대수적으로 밝혀졌다. 자와 컴퍼스만으로 $\sqrt[3]{2}$ 를 작도하는 것이 불가능하기 때문이다.

🫘___ 원과 같은 면적의 정사각형

이 문제는 앞의 두 가지 문제보다는 더 실용적인 필요에 의하여 제기되었다. 이 문제는 흔히 '원적(圓積)문제'로 알려져 있다. 지금과 마찬가지로 아주 오랜 옛날에도 곡선으로 되어 있는 논과 밭을 사각형 모양으로 고치려는 노력이 있었다. 이때 중요한

것은 원래의 면적이 변하지 않아야 한다는 사실이다.

이 문제에 대한 최초의 기록은 인간이 처음 기하학을 생각하기 시작한 이집트 시대의 『린드 파피루스』에서 찾아볼 수 있다. 지금으로부터 무려 4000년 전의 기록이다.

여기에는 반지름의 $\frac{16}{9}$ 배를 정사각형의 한 변으로 하면 된다고 나와 있다. 반지름이 1인 경우를 생각해 보면 원의 면적은 $\pi \times 1^2 = \pi$이고 정사각형의 면적은 $\left(\frac{16}{9}\right)^2 = 3.1604938\cdots$이므로 $\pi = 3.1604938\cdots$이 된다(앞의 177쪽에 있는 그림 참조).

실제의 π값 $3.1415926\cdots$과 비교해 보면 그리 차이가 나지 않으니 당시 수준이 참으로 놀랄 만하다.

하지만 이것은 근사값일 뿐이므로 정확한 것을 좋아하는 그리스 인들을 만족시키지 못했다. 그들은 자와 컴퍼스만으로 원과 같은 넓이의 정사각형을 작도하려고 애썼다. 그러한 노력은 19세기에 와서야 뮌헨 대학 교수인 린데만(Lindemann : 1852~1939)에 의하여 결실을 보게 된다.

반지름이 1인 원이 있다면 그 면적은 $\pi \times 1^2 = \pi$이다. 이 원과 면적이 같은 정사각형의 한 변의 길이를 x라 하면 $x^2 = \pi$가 된다. 이제 문제는 제곱해서 π가 되는 실수(π의 제곱근)를 자와 컴퍼스만으로 찾아낼 수 있느냐는 것으로 바뀌었다.

오랜 연구 끝에 자와 컴퍼스로 작도할 수 있는 길이는 유리수를 계수로 하는 방정식의 근이어야 하는데 π는 어떤 유리 계수 방정식의 근도 될 수 없음이 밝혀졌다. 유리수를 계수로 하는 방정식의 근이 될 수 있는 수를 대수적(代數的)인 수라 하고 대수적이지 않은 수를 초월수(超越數)라고 하는데 린데만은 바로 π가 초월수임을 밝힌 것이다.

원과 같은 넓이의 정사각형을 자와 컴퍼스만으로 작도하는 것이 불가능하다는 것은 결국 이렇게 도형이 아닌 대수적인 방정식의 근으로 해결되었다.

그런데 과거에는 수없이 많은 사람들이 문제에서 주어진 대로 '자와 컴퍼스만으로' 작도해 보려는 헛된 시도를 계속했었다. 그리하여 아무런 수학적 지식도 없이 자와 컴퍼스만을 들고 우연히 그려지길 기대하며 종이와 시간을 낭비했던 사람들을 일컬어 '원적학자(圓積學者)' 또는 '원적병자'라 부르는 말이 생겼다. 이는 뚜렷한 지식도 없이 어려운 문제를 풀겠다고 나서는 사람이나 확실한 이론도 알

지 못하면서 자기 말만 맞다고 우기는 사람을 빗대는 말로 쓰인다. 이런 사실에서 얼마나 많은 사람들이(수학자이든 아니든) 원적 문제를 해결해 보려고 덤볐는지를 짐작할 수 있다. 그러나 이제 우리는 그럴 필요가 없다. 불가능하다는 사실이 이미 증명되었으니까.

🫘___3대 작도 불능 문제가 남긴 것들

여기까지 읽으면서 상당히 불만스러운 사람들이 있으리라. 왜 그리스 사람들은 자와 컴퍼스만을 고집해서 문제를 어렵게 만들었나? 그런 고집을 안 부렸으면 그 문제들은 벌써 해결되었을 테고 수학자들은 쓸데없이 시간과 노력을 낭비하지 않고 다른 일에 몰두했을 텐데. 그러면 인류에게 더 큰 이익이 되지 않았을까?

그런 말들이 완전히 틀린 말은 아니다. 하지만 그렇다고 해서 2000년 이상 수학자들이 쏟아온 노력이 완전히 헛된 것이라고 생각해서는 안 된다.

우선 결과적으로 보면 3가지 작도에 관한 문제를 연구하면서 얻은 부산물이 많다. 작도법의 발달, 히피아스의 곡선, 유선형의 콩코이드(Concoid) 곡선, 원추 곡선에 대한 연구, 제도 기구의 발명 등이 그것이다. 생각지 않았던 곳에서 쏟아져 나온 이 지식들은 수학의 발달에 많은 도움을 주었다.

그러한 부산물들이 아니라도 우리는 그리스 인들의 사고를 결코 우습다고 무시해서는 안 된다. 자와 컴퍼스만을 고집했듯이 실용적인 것보다는 논리적이고 합리적인 지식 체계를 원했던 그들의 노력은 유클리드의 『원론』과 같은 위대한 결과들을 남겼다. 그러한 것들이 당장은 쓸모없어 보이지만 그 기초 위에 더 복잡하고 어려운 것들이 쌓여 현대 과학 문명이 만들어졌다는 것을 생각해 보면 그들의 고집스런 사고 방식에 고마움을 느끼게 된다.

그리고 그리스 인들의 그러한 사고는 시대 상황과 관계가 있다. 먹고, 입고, 사는 데 필요한 모든 것은 노예들에게 맡긴 채 아무 걱정 없이 넉넉하고 한가한 시간을 보냈던 그들은 다만 정신을 갈고 닦는 일을 중시했다. 그들은 당장 해결하지 않으면 안 될 급박함도, 그것을 이용해 돈을 벌어야 하는 절실함도 없었기 때문에 오직 원리에 집중하여 바른 지식 체계를 세울 수 있었다.

그러나 이런 학문 풍토도 시대가 변하면 바뀌게 마련이다. 중세 봉건 사회가 무너지고 나라간에 무역이 활발해지는 근세로

오면 그리스와는 정반대의 분위기가 만들어진다. 즉 대량 생산을 위해서 새로운 기술이 개발되고 그에 따른 기계들이 발명되어 사회는 빠르고 정신없이 돌아가게 된다. 따라서 이러한 와중에서 자와 컴퍼스만을 고집해서는 더 이상 시대의 흐름을 따라가지 못하게 된다.

당시의 수학자 데카르트는 이러한 시대적 분위기를 다음과 같은 말을 통해 대변하고 있다.

"기구를 사용해서 그리는 곡선이 가치가 없다고 하지만, 직선이나 원도 자와 컴퍼스라는 기구로 그린다는 점에서 똑같다."

이런 생각대로 그는 기계를 사용하여 2배의 부피를 갖는 정육면체를 작도하기도 했다.

안정된 생활 속에서 기계를 천시했던 그리스 시대와 기계에 의존해 살아가기 시작한 17세기의 시대적 분위기는 커다란 사고의 차이를 낳았으며 학문의 연구 방향에도 결정적인 영향을 미쳤다.

그러므로 비단 학문만이 아니라 정치, 경제, 사회, 문화, 심지어 개개인의 생활 방식도 그 시대의 분위기를 벗어나기 힘들다는 것을 이해한다면 나를 둘러싸고 있는 주변에 대한 관심도 커질 것이다.

 컴퓨터로 보는 작도

3대 작도 불능 문제와는 좀 다르지만 작도에 관한 얘기를 끝내기 전에 소개하고 싶은 것이 있다. 요즘은 컴퓨터의 각종 프로그램을 이용하여 작도 과정을 한눈에 볼 수 있도록 한 것이 많은데 그 중 몇 가지만 살펴보자.

[선분의 수직이등분선 그리기]

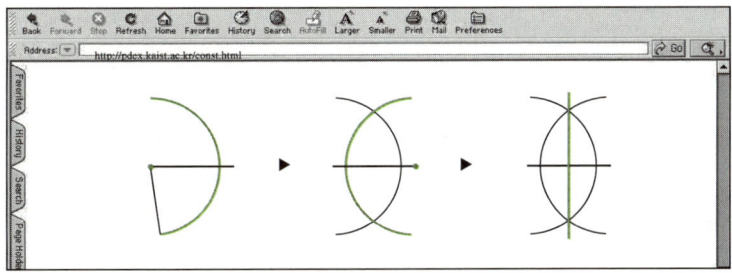

[원의 접선 그리기]

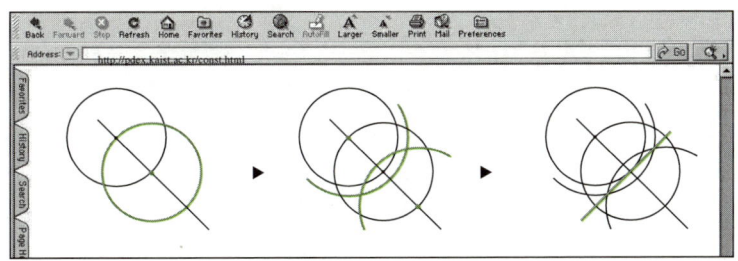

[120° 그리기]

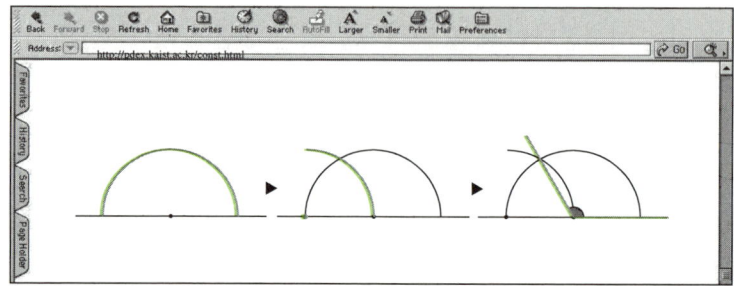

참고 : 권현직의 수학마당
http://pdex.kaist.ac.kr/const.html

5) 원뿔곡선

무더운 여름에 사람들이 즐겨 먹는 아이스크림 콘을 보면 모두 원뿔 모양이다. 중세의 유명한 사원의 탑이나 연필의 끝, 서커스 단의 어릿광대들이 쓰는 모자도 원뿔 모양이다.

자와 컴퍼스만을 사용하여 작도하기를 고집하던 그리스 사람들은 직선과 원 이외에 원뿔에도 관심이 많았다.

원뿔에 관한 연구 중에 대표적인 것은 메나이크모스 (Menaichmos:B.C. 35년경)와 아폴로니우스(Apollonius:B.C. 약 260~B.C. 200)의 것이다.

 ___ **메나이크모스의 원뿔 곡선**

누구나 아는 것처럼 직각삼각형을 직각인 변을 축으로 하여 회전시키면 원뿔이 만들어진다. 이때 직각삼각형의 빗변은 곡면을 만들며, 이 곡면상의 빗변을 원뿔의 **모선**이라고 한다.

이 원뿔을 축을 포함하는 평면으로 자르면 그 단면은 삼각형이

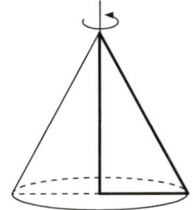 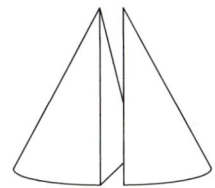 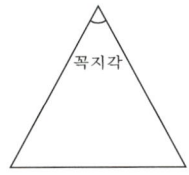

다. 이 삼각형에서 원뿔의 꼭지점이 있던 각을 **꼭지각**이라 하자.

메나이크모스는 원뿔의 꼭지각이 예각일 때, 직각일 때, 둔각일 때 모선에 수직인 평면으로 자른 단면은 각각 타원, 포물선, 쌍곡선이 라는 것을 발견했다.

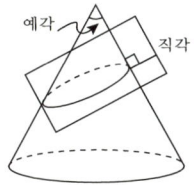 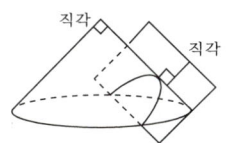 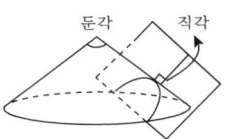

아폴로니우스의 원뿔 곡선

메나이크모스의 원뿔 곡선에 대한 연구를 크게 발전시킨 사람은 아폴로니우스이다. 그는 우선 메나이크모스가 세 개의 원뿔을 자른다고 생각했던 것에서 더 나아가 하나의 원뿔을 기울기가 다른 평면으로 자르는 방법을 생각해냈다.

- 밑면에 나란한 평면으로 자를 때는 원
- 비스듬한 평면으로 자를 때는 타원
- 더 기울여서 모선에 평행하게 자를 때는 포물선
- 꼭지를 맞댄 두 개의 원뿔을 밑면에 수직으로 자를 때 나오는
  두 개의 곡선은 쌍곡선

그는 이것들을 식으로도 표시하였다.
회전해서 원뿔을 만든 직각삼각형에서 축과 빗변 사이의 각

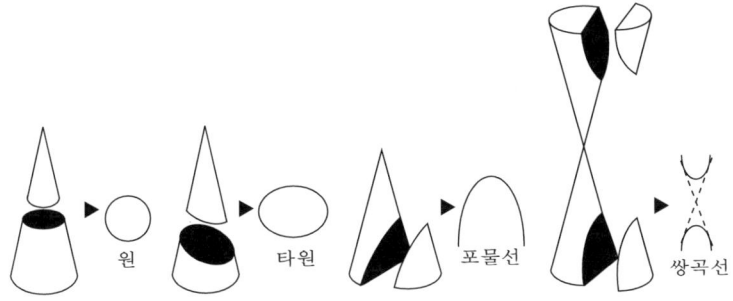

원 　　　 타원 　　　 포물선 　　　 쌍곡선

을 α라 하고, 원뿔을 자르는 평면과 축 사이의 각을 β라 하자.

그러면 $\angle\alpha$와 $\angle\beta$ 사이에는 세 가지 관계가 성립할 수 있다.

$$\angle\alpha > \angle\beta, \ \angle\alpha = \angle\beta, \ \angle\alpha < \angle\beta$$

아폴로니우스는 위의 세 가지 경우에 각각 다음과 같은 성질을 가짐을 알아냈다.

① $\angle\alpha > \angle\beta$ 일 때,

y를 한 변으로 하는 정사각형의 면적은 p와 x를 두 변으로 하는 직사각형의 면적의 $\dfrac{p}{d}$ 배 부족하다. ……**타원**(엘립스 ellipse)

그 당시에는 문자를 사용하지 않고 말로 길게 설명했기 때문에 길고 어려워 보인다. 이것을 현재 우리가 사용하는 문자식으로 써보자.

$$y^2 = px - \frac{p}{d}x^2$$

② $\angle\alpha = \angle\beta$ 일 때,

y를 한 변으로 하는 정사각형의 면적은 p와 x를 두 변으로 하는 정사각형의 면적과 일치한다. …… **포물선**(파라볼라 parabola)

$$y^2 = px$$

③ $\angle\alpha < \angle\beta$일 때,

y를 한 변으로 하는 정사각형의 면적은 p와 x를 두 변으로 하는 직사각형의 면적보다 x를 한 변으로 하는 정사각형의 면적의 $\frac{p}{d}$ 배 초과한다. …… **쌍곡선**(하이퍼볼라 hyperbola)

$$y^2 = px + \frac{p}{d}x^2$$

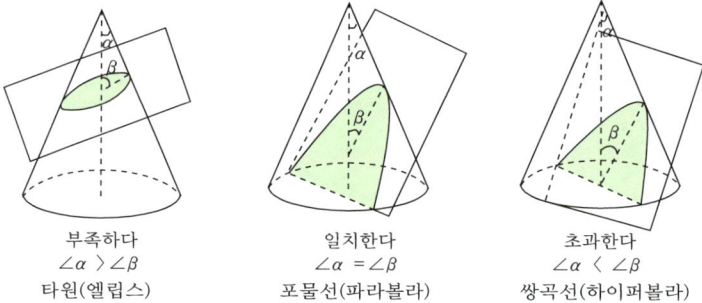

부족하다 　　　　　 일치한다 　　　　　 초과한다
$\angle\alpha > \angle\beta$ 　　 $\angle\alpha = \angle\beta$ 　　 $\angle\alpha < \angle\beta$
타원(엘립스) 　　 포물선(파라볼라) 　　 쌍곡선(하이퍼볼라)

　이 세 도형은 각각 부족하다, 일치한다, 초과한다는 뜻의 그리스 어인 엘립스, 파라볼라, 하이퍼볼라를 그대로 이름으로 가지게 되었다. 우리말로는 타원, 포물선, 쌍곡선이다.

　아폴로니우스는 여기에서 멈추지 않고 연구를 계속하여 타원이 두 초점으로부터의 거리의 합이 같은 점의 집합이라든가 쌍곡선은 두 초점으로부터의 거리의 차가 같은 점의 집합이라는 사실 등을 발견하였다(고교 수2 과정).

　이러한 아폴로니우스의 연구는 당시에는 별로 관심을 끌지 못하다가 17세기 이후에아 데카르트에 의하여 다시 빛을 보게 된다.

3 유클리드 기하학의 세계

1) 유클리드

우리는 앞에서 그리스 인들의 기하학을 살펴보았다. 어떤 의미에서 그리스 인들이 꽃피웠던 찬란한 문화는 바로 그들만의 독특한 기하학적인 사고방식의 결과라고 얘기해도 좋을 것이다. 이런 그리스의 기하학을 대표하는 대 수학자가 있는데 그가 바로 유클리드이다.

인류 역사상 가장 위대한 기하학자로 불리는 유클리드의 생애는 그의 명성에 비해 알려진 바가 거의 없다.

그는 B.C. 300년대에 살았다고 하며, 당시 그리스 문화의 중심지였던 아테네로 유학을 가 플라톤이 세운 학교 '아카데미'에서 교육을 받았다고 한다. 또 세계 최초의 대학으로 유명한 '알렉산드리아 대학'에서 생애 대부분을 수학 교수로 보냈다는 기록이 남아 있다.

당시는 알렉산더 대왕이 그리스를 포함한

유클리드

소아시아와 이집트 등 넓은 지역을 정복하여 위세를 떨치고 있던 때였다. 알렉산더는 자신의 정복지에 역사에 길이 남을 만한 장엄한 도시를 건설해 이름을 남기고 싶어했다. 그는 마침내 정복지인 이집트의 아름다운 나일 강변의 마을에 화려하고 거대한 도시를 건설했고 이곳의 이름을 자신의 이름을 따 '알렉산드리아'라고 짓도록 했다. 왕이 건설한 도시이니 만큼 알렉산드리아는 당연히 당대의 정치, 경제, 문화 등 모든 면의 중심지가 되었다.

알렉산더 대왕이 젊은 나이에 죽은 후 이집트를 지배하게 된 프톨레마이오스(Ptolemaios : B.C. 85?~B.C. 165?) 왕은 알렉산드리아를 수도로 정하고 이곳에 '무세이온(Mouseion)'이라는 거대한 연구 기관을 설립하였다. 이곳은 50만 권 이상의 장서를 보유한 대형 도서관을 비롯하여 박물관, 실험실, 대강당, 동·식물원 등을 골고루 갖춘 당대 최고의 연구 기관이었다.

그는 또 왕궁 근처에 '알렉산드리아 대학'을 설립하였는데 이때가 B.C. 300년경으로, 프톨레마이오스는 이 대학 수학과의 책임자가 되었다. 그리고 유클리드는 바로 이곳에서 연구하면서 그 유명한 『원론(Stoicheia)』을 집필하였다.

유클리드에 관한 일화 중에 이런 것이 있다. 기하학을 배우던 프톨레마이오스 왕이 너무 까다로운 내용에 싫증이 나 이렇게 물었다.

"나는 왕인데 좀더 쉽게 배울 수 있는 특별한 방법이 없는가?"
그러자 유클리드는 이렇게 대답했다.

"기하학에는 왕도(王道)가 없습니다."

또 다른 얘기로는, 제자 중 한 사람이 기하학을 배워 무슨 소득이 있느냐고 묻자 유클리드는 하인을 향해 이렇게 말했다고 한다.

"이 사람에게 동전을 몇 푼 던져주어라. 이 사람은 '배운 것'으로부터 꼭 본전을 찾으려고 하는 사람이니까!"

모두 유클리드의 강직한 성품과 학문에 대한 강한 자부심을 짐작하게 하는 일화들이다.

2) 『원론』을 쓰다

오늘날 우리가 배우는 기하학의 거의 모든 기초적 내용은 그리스 시대에 완성되었다. 그리스의 기하학은 명확하고 논리적인 증명이 주된 특징인데, 철학자 플라톤은 이 같은 기하학의 학습 태도가 다른 모든 학문에도 꼭 필요하다고 생각하여 그가 세운 학교 '아카데미'의 정문에 다음과 같이 써붙일 정도였다.

'기하학을 모르는 사람은 이곳에 들어올 수 없다.'

이렇듯 기하학을 중시한 그리스에서는 도형에 관한 연구가 활발히 이루어져 플라톤을 비롯하여 피타고라스, 히포크라테스, 테아이테토스(Theaitetos : B.C. 415~B.C. 369) 및 에우독소스(Eudoksos : B.C. 480~B.C. 355) 등의 수학자들이 훌륭한 연구 성과들을 남겼다. 그리고 이즈음 대 학자 '유클리드'가 등장하여 그때까지의 연구 자료들을 모으고 다듬어서 하나의 책을 완성했는데, 그것이 바로 『원론』이다.

『원론』 표지(1570)

이 책은 영어로는 'Element'라고 하는데 '기하학 입문' 내지는 '초보자를 위한 기하학 지침서' 정도로 생각해도 좋다. B.C. 280년경에 씌어진 것으로 짐작되는 이 책은 '기하학의 성전(聖典)'으로 일컬어지며 오늘날까지도 기하학의 '교과서'로서 그 진가를 발휘하고 있다. 안타깝게도 그리스 어로 된 원본은 남아 있지 않으나 세계 각국어로 된 번역본이 수없이 많아 그야말로 기하학의 세계적 교과서 역할을 톡톡히 해내고 있는 셈이다.

3) 가장 널리 읽힌 수학책

'기하학 입문서' 정도에 불과한 『원론』이 수세기를 거치면서도 세계적으로 읽히고 있는 이유는 무엇일까?

사실 『원론』의 내용은 별로 새로울 것이 없다. 유클리드가 완전히 창의적으로 쓴 것이 아니라 그때까지의 많은 수학자들, 즉 피타고라스나 히포크라테스, 에우독소스, 테아이테토스 등 앞서 언급한 저명한 수학자들의 연구 결과를 모아서 새롭게 재구성한 것일 뿐이다. 그런데도 오늘날 『원론』이 유럽에서 성경 다음의 베스트셀러라 할 정도로

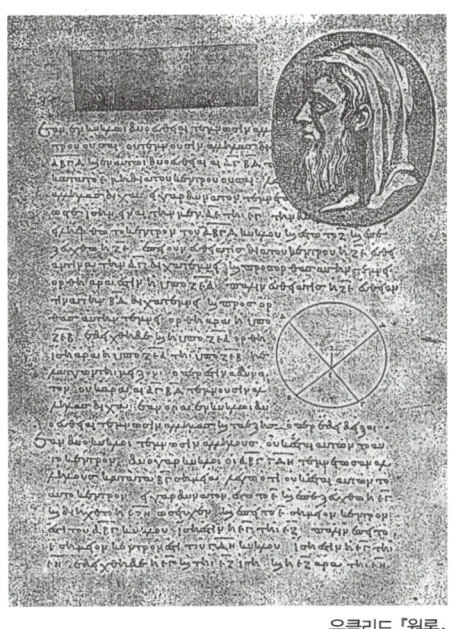

유클리드 『원론』

널리 읽히고, '기하학'하면 곧 『원론』을 생각할 만큼 기하학의 교과서로서 대단한 위세를 떨치고 있는 것은 그 내용의 참신함이나 우수성보다는 『원론』만이 갖고 있는 구성상의 뛰어난 특징 때문이다.

바로 이러한 이유 때문에 유클리드 이후의 수많은 저명한 학자들이 책을 쓸 때 종종 『원론』의 구성 형식을 본떴다고 하니 『원론』의 명성을 가히 짐작할 만하다.

참고로 총 13권으로 이루어진 원론의 내용을 소개한다.

제1권 : 삼각형, 평행선, 평행사변형, 피타고라스의 정리

제2권 : 피타고라스 정리의 응용

제3권 : 원

제4권 : 원에 내접 또는 외접하는 다각형에 관한 정리

제5권 : 기하학적 비례

제6권 : 닮은 꼴

제7~10권 : 소수(素數), 비례수, 최대 공약수, 등비 급수

　제11~13권 : 각뿔, 원기둥, 원뿔, 구, 다면체

그는 마지막 권에서 정다면체는 정사면체, 정육면체, 정팔면체, 정십이면체, 정이십면체의 다섯 가지밖에 없음을 증명하고 있다.

4) 『원론』의 특징

 당연한 것에 대한 약속

『원론』의 제1권은 다음과 같은 23개의 '정의'로 시작된다.

〈정의〉

1. 점은 부분이 없는 것이다.

2. 선은 폭이 없는 길이다.

3. 선의 끝은 점이다.

4. 직선이란 그 위의 점에 대하여 균일하게 가로놓인 선이다.

5. 면이란, 길이와 두께만 있는 것이다.

6. 면의 끝은 선이다.

7. 평면이란, 그 위에 있는 직선에 대하여 균일하게 가로놓인 면이다.

⋮

'정의'는 알다시피 '뜻을 명확하게 정하는 것'이다. 애매한 개념을 허용하지 않고 분명하게, 꼭 필요한 말로 뜻을 정하는 작업인 것이다. 유클리드의 '정의'에는 모자라는 말이나 남는 말이 한마디도 없다. 예를 들어 제1권의 정의 중 22번째에는 직사각형에 대한 정의가 다음과 같이 나와 있다.

사각형 중에서 네 각이 직각이고 등변이 아닌 것.

흔히 우리는 직사각형의 정의를 말할 때, '가로끼리, 세로끼리, 길이가 똑같고, 각이 모두 똑같고, 직각이고……’ 등 눈에 보이는 모든 특징을 말하려 한다. 그러나 잠깐만 생각해 보면 직사각형의 정의는 ‘네 각이 같다 혹은 직각이다’라는 표현으로 충분함을 알 수 있다.

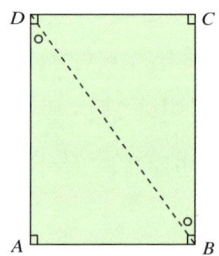

□ABCD의 네 각이 직각이면 △ABD와 △CDB는 직각삼각형이다. 빗변 $\overline{BD}$는 공통이고 ∠ADB = ∠DBC(동위각)이므로

$$\triangle ABD \equiv \triangle CDB$$
$$\therefore \overline{AD} = \overline{BC}, \ \overline{AB} = \overline{CD}$$

네 각이 같으면 자연히 두 쌍의 대변의 길이도 같으므로 정의에서 굳이 변의 길이를 언급할 필요가 없는 것이다(대신 우리는 이것을 직사각형의 ‘성질’이라 부른다). 이처럼 유클리드는 꼭 필요

한 말만을 사용하여 '정의'를 만들었다. 『원론』의 직사각형에 대한 정의에는 '등변이 아닌 것'이라는 표현이 덧붙어 있는데 이것은 유클리드가 정사각형과 직사각형을 별개로 취급했기 때문이다.

'공준(公準)'의 예를 보아도 마찬가지다. '공준'이란 "기본적으로 '요구' 또는 '전제'되는 사실"을 뜻하는데, 그 첫번째 '공준'을 보자.

임의의 점으로부터 임의의 점에 대하여 하나의 직선을 그을 수 있다.

이 얼마나 당연한 말인가. 굳이 언급할 필요조차 없는 것으로 느껴진다. 그러나 유클리드는 그것을 엄밀하게 명시하고 있다. '직선을 그을 수 있다'는 전제가 있은 후에야 비로소 직선에 관

한 많은 성질들을 논할 수 있다는 태도인 것이다.

이것은 '원'에 대해서도 마찬가지다. 세 번째 공준은 다음과 같다.

임의의 중심과 반지름을 가진 원을 그릴 수 있다.

『원론』의 독창성은 바로 이처럼 당연한 것까지도 당연한 대로 구별하여 엄밀히 규정하는 치밀함에 있다. 따라서 그것을 이용한 차후의 논리가 한치의 빈틈도 없이 전개될 수 있는 것이다.

'공준'보다도 일반적으로 받아들여지고 있는 '진리'를 나타내는 공통 개념, 즉 '공리(公理)'에 있어서도 유클리드의 비범함은 유감없이 발휘된다. 예를 들면,

같은 것에 같은 것을 더하면 그 결과는 같다($a = b$일 때 $a+b = b+c$).

전체는 부분보다 크다.

라는 내용의 공리들이 제1권에 등장한다.

대부분의 사람들은 그 내용을 당연하게 생각하고, 그것으로 끝이다. 그것을 '당연한 약속'으로 규정하여 명문화할 필요를 느끼지 않는 것이다. 그러나 유클리드는 그것까지도 정돈하여 서술하고 있다.

물론 『원론』에 나타난 유클리드의 '공리'('공준'을 포함)는 오늘

날 다른 각도에서 배격되기도 한다. 그것은 다음 장에서 알아보기로 한다. 그러나 어쨌든 그것 역시 사람들의 사고 영역이 넓어짐에 따라 '공리'의 내용 가운데 일부에서 문제를 발견한 것일 뿐, '공리'라는 이름으로 정리한 것 자체가 지닌 의의는 여전히 퇴색하지 않고 있다.

'정리'의 엄밀하고 논리적인 증명

『원론』의 두 번째 특징으로는 직관적인 증명을 배제하고 논리적으로 엄밀한 증명만을 택하고 있다는 점을 들 수 있다.

물론 오늘날 우리는 '정리'란 당연히 '논리적으로 증명된 명제'를 뜻한다는 사실을 알고 있다. 그러나 당시로서는 얼핏 생각하기에, 즉 직관적으로 당연해 보이는 것은 증명할 필요도 없이 '인정된 사실'처럼 마구 사용하거나, 증명을 한다 해도 엄밀하지 못한 경우가 많았다. 이 같은 태도를 철저히 배격한 유클리드는 반드시 미리 전제한 '공리'나 '공준' 또는 이미 증명된 '정리'만을 사용하여 엄밀하게 증명하고 있다. 그러다 보니 다소 딱딱하고 어렵게 느껴지는 것이 너무 당연하다. 대표적인 예가 널리 알려진 '제5정리'의 증명이다. 이는 『원론』의 제1권 다섯 번째 정리이기 때문에 붙은 이름으로 그 내용은 다음과 같다.

이등변삼각형의 두 밑각은 서로 같다.

유명한 수학자 탈레스는 이 정리를 다음과 같이 증명했다.

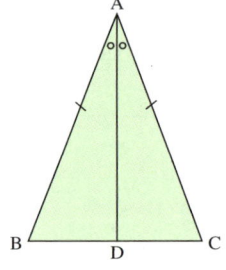

이등변삼각형의 꼭지각 A의 이등분선을 긋고, 변 BC와 만나는 점을 D라 한다.

$\overline{AB} = \overline{AC}$, $\angle BAD = \angle CAD$

그리고 $\overline{AD}$는 공통이므로

$\triangle ABD \equiv \triangle ACD$(SAS 합동)

$\therefore \ \angle B = \angle C$

이런 증명은 우리에게도 매우 익숙하다. 바로 오늘날 우리가 사용하고 있는 증명법이기 때문이다. 그런데 유클리드는 이 정리를 복잡하게 증명했다. 그래서 이 정리에는 '당나귀의 다리'라는 별명이 붙을 정도였다. 멍청한 당나귀는 다리를 통과하지 못한다는 뜻이다.

그러면 유클리드는 왜 그토록 까다로운 방법으로 증명했을까?

유클리드는 우선 탈레스의 증명의 첫머리, 즉 '이등변 삼각형 ABC의 꼭지각 A의 이등분선을 긋는다'는 내용조차 받아들이지 않았다. 왜냐하면 유클리드는 '공리'나 '공준' 또는 이미 증명한 '정리'만을 사용하여 증명해야 한다는 원칙을 고수하고 있었는데, '각의 이등분선을 작도할 수 있다'는 사실은 '공리'나 '공준'에도 없고 제1정리에서 제4정리까지에도 나타나 있지 않기 때문이다.

유클리드의 정리

제1정리 : 주어진 선분 위에 이등변삼각형을 작도할 수 있다.

제2정리 : 주어진 점으로부터 주어진 직선과 같은 길이의 직선을 그을 수 있다.

제3정리 : 주어진 두 선분 중 큰 것으로부터 작은 것과 같은 길이의 선분을 얻을 수 있다.

제4정리 : 두 변과 그 사이에 있는 각이 같은 삼각형은 서로 합동이고, 같은 변에 대한 각은 같다.

제4정리의 내용이 바로 탈레스가 증명시 사용한 'SAS 합동'의 내용임에도 불구하고 유클리드는 이 방법을 사용하지 않았다. 앞서 말한 대로 우선 '각의 이등분선의 작도'에 대한 전제가 없었기 때문이다.

비록 유클리드의 이러한 증명 태도가 문제를 훨씬 복잡하게 풀도록 만들기는 했지만, 엄밀하고 정확한 논리적 증명을 확립하는 데 기초를 다진 점에서 높이 평가되고 있다.

Liber I. 11

lum, ſub æqualibus rectis lineis contentum, & baſim BC baſi EF æqualem habebunt; eritque triangulum BAC triangulo EDF æquale, ac reliqui anguli B, C reliquis angulis E, F æquales erunt, uterque utrique, ſub quibus æqualia latera ſubtenduntur.

Si punctum D puncto A applicetur, & recta DE rectæ AB ſuperponatur, cadet punctum E in B, quia DE[a] = AB. Item recta DF cadet in AC, quia ang. A[a] = D. Quinetiam punctum E puncto C coincidet, quia AC[a] = DF. Ergò rectæ EF, BC, cùm eoſdem habeant terminos, [b] congruent, & proinde æquales ſunt. Quare triangula BAC, EDF; & anguli B, E; itemq; anguli C, F etiam congruunt, & æquantur. Quod erat Demonſtrandum.

a hyp.
b 14. ax.

PROP. V.

Iſoſcelium triangulorum ABC qui ad baſim ſunt anguli ABC, ACB inter ſe ſunt æquales. Et productis æqualibus rectis lineis AB, AC qui ſub baſe ſunt anguli CBD, BCE inter ſe æquales erunt.

[a] Accipe AF = AD, & junge CD, ac BF.

Quoniam in triangulis ACD, ABF, ſunt AB[c] = AC; & AF[d] = AD, anguluſq; A communis, [e] erit ang. ABF = ACD; & ang. AFB[e] = ADC, & baſ. BF[e] = DC; item FC[f] = DB. ergò in triangulis BFC, BDC [g] erit ang. FCB, = DBC. Q.E.D. Item ideo ang. FBC = DCB. atqui ang. ABF[h] = ACD. ergò ang. ABC[k] = ACB. Q.E.D.

a 3. 1.
b 1. post.
c hyp.
d conſtr.
e 4. 1.
f 3 ax.
g 4. 1.
h pr.
k 3. ax.

Corollarium.

Hinc, Omne triangulum æquilaterum eſt quoq; æquiangulum.

PROP.

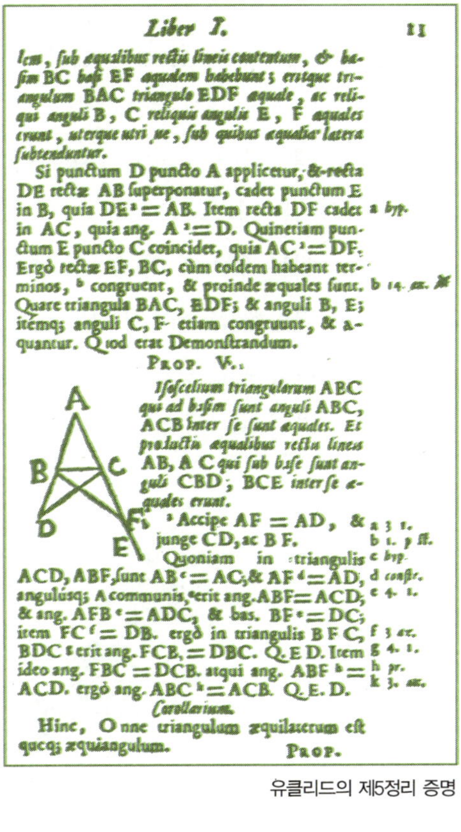

유클리드의 제5정리 증명

🫘 '귀류법'의 사용

『원론』에는 직접적으로 추리해 증명하지 않고 우회적인 수법을 사용하는 **귀류법**이라는 새로운 증명법이 나와 있다. 즉 어떤 사실이 옳다는 것을 증명하기 위해서 먼저 그 사실을 부정한 다음 모순을 찾아내어 '옳음'을 유도하는 것이다. 우스운 이야기로 '동석이가 남자임'을 증명할 때 이렇게 해보자.

'동석이가 만일 남자가 아닌 여자라면, 목욕탕에 가서 여탕으로 들어가게 된다. 그런데 웬일일까? 동석이는 옷을 다 벗기도 전에 늘씬하게 두들겨 맞고 쫓겨나고 말았다.

왜냐하면 동석이는 여자가 아니었기 때문이다. 그러므로 동석이는 남자다.'

이는 우스운 이야기일 뿐이지만 실제로 수학에서는 이 같은 증명법을 꼭 사용해야만 하는 경우도 많다.

다음 예를 보자.

자연수는 무수히 많다.

1, 2, 3, 4, …… 자연수를 일일이 써서 증명할 수는 없다. 이럴 때 우리는 반대로 생각해 보면 된다.

만일 자연수가 유한개라면?

자연수가 유한개라면 가장 큰 수가 존재할 것이다. 그 수를 m이라고 하자. 그런데 우리는 자연수끼리 더하면 자연수가 됨을 알고 있다. 즉 m에다 1을 더하면 $m+1$도 자연수가 되는 것이다. 그리고 $m+1$은 분명히 m보다 크다. 그렇다면 자연수 중 가장 큰 수는 m이 아니라 $m+1$이라야 하지 않은가?

이것은 결국 처음의 가정과 어긋나게 되므로 자연수는 유한개가 아니라는 얘기가 되는 것이다.

귀류법은 유클리드가 처음 생각해 낸 방법은 아니지만 완전한 증명법의 하나로서 본격적으로 사용하기 시작한 최초의 수학자임에는 틀림없다.

거꾸로 생각해 보는 귀류법의 등장은 고차방정식의 일반 해법과 관련된 대수학자 '아벨'의 새로운 사고와도 비교해 볼 수 있다. 많은 수학자들이 5차 이상의 고차방정식의 일반 해법을 찾으려고 노력하고 있을 때, 아벨은 생각을 바꿔 '과연 이 해가 존재할 것인가?'에 의문을 가졌다. 그래서 결국 그와 같은 해가 존재하지 않는다는 사실을 알아내기에 이르렀고 이후에야 비로소 많은 수학자들이 더 이상의 헛수고를 하지 않게 되었던 것이다.

고정적인 사고의 틀을 벗어나 새롭게 생각해 보는 것은 이처럼 획기적인 결과를 가져올 수 있다.

___ '점'으로부터 출발하다—분석적 태도

우리는 자연 과학에서 물질을 최후까지 분석해 가면 결국 '원자'라는 최소 단위만이 남는다는 사실을 알고 있다. 바로 이 원자에 관한 여러 가지 사실들을 연구·관찰하여 오늘날 고도로 발달된 과학 문명을 가질 수 있게 된 것이다. 유클리드는 이 같은 분석의 장점을 이미 간파하고 있었던 듯하다.

『원론』의 제1권의 첫번째 정의를 다시 보자.

   1. 점은 크기(부분)가 없는 것이다.

'크기가 없다'는 것은 결국 우리 눈에 보이지 않는 것이다. 그러나 평면 도형이든 입체 도형이든 분석해 들어가면 마침내 '점'에 도달하게 되지 않는가. 바로 여기서부터 출발하여 기하학을 전개시킨 그의 분석적인 태도가 결국은 도형의 본질을 파

헤치는 데 중요한 디딤돌이 되었으리라는 것은 의심할 나위가 없다.

5) 『원론』의 약점

이 같은 유클리드의 추상적인 논리 전개에 문제가 전혀 없는 것은 아니다. 『원론』에는 고도의 추상적인 내용이 담긴 데 비해 이상하리만큼 구체적인 양에 대한 계산은 언급되어 있지 않다. 하다못해 가장 기본적인 도형인 삼각형의 넓이를 계산하는 그 흔한 공식조차 나타나 있지 않다. 마찬가지로 작도할 때 사용하는 자에도 눈금이 없어 그야말로 컴퍼스와 자는 작도에만 사용될 뿐 길이의 측정과는 아무런 관련이 없을 정도다. 이것은 아마도 그리스 인들의 사고 자체가 구체적이고 실용적인 것을 도외시하고 추상적인 것만을 '지적 유희'로 즐겼던 데 그 원인이 있을 것이다.

그리스 인들의 이 같은 사고방식은 학문을 하는 데 있어서도 전적으로 '연역'만을 고집하여 '귀납'적인 것은 완전히 무시하는 결과를 가져왔다. 즉 일반적인 원리를 설정하여 거기서부터 구체적인 사실을 관찰하여 그로부터 일반적인 원리를 이끌어내는 귀납적 연구는 일체 이루어지지 않았던 것이다. 구체적 사실로부터 많은 정보를 얻을 수 있는 가능성을 미리 포기한 셈이다.

또 하나의 문제점은 그리스 인들의 추상적이고 정적인 사고가 도형에 내재한 추상적 성질만을 캐내려고 노력했을 뿐, 도형 자체를 움직인다든가 변형시킨다는 생각을 전혀 하지 못하도록 했다는 점이다. 따라서 도형의 위치를 바꿔보면 간단히 해결될 문제를 그대로 놔둔 채 무척 복잡하게 해결하는 경우도 종종 있었다. 그러나 이러한 문제점들은 곧 뒷세대의 노력에 의하여 극복된다.

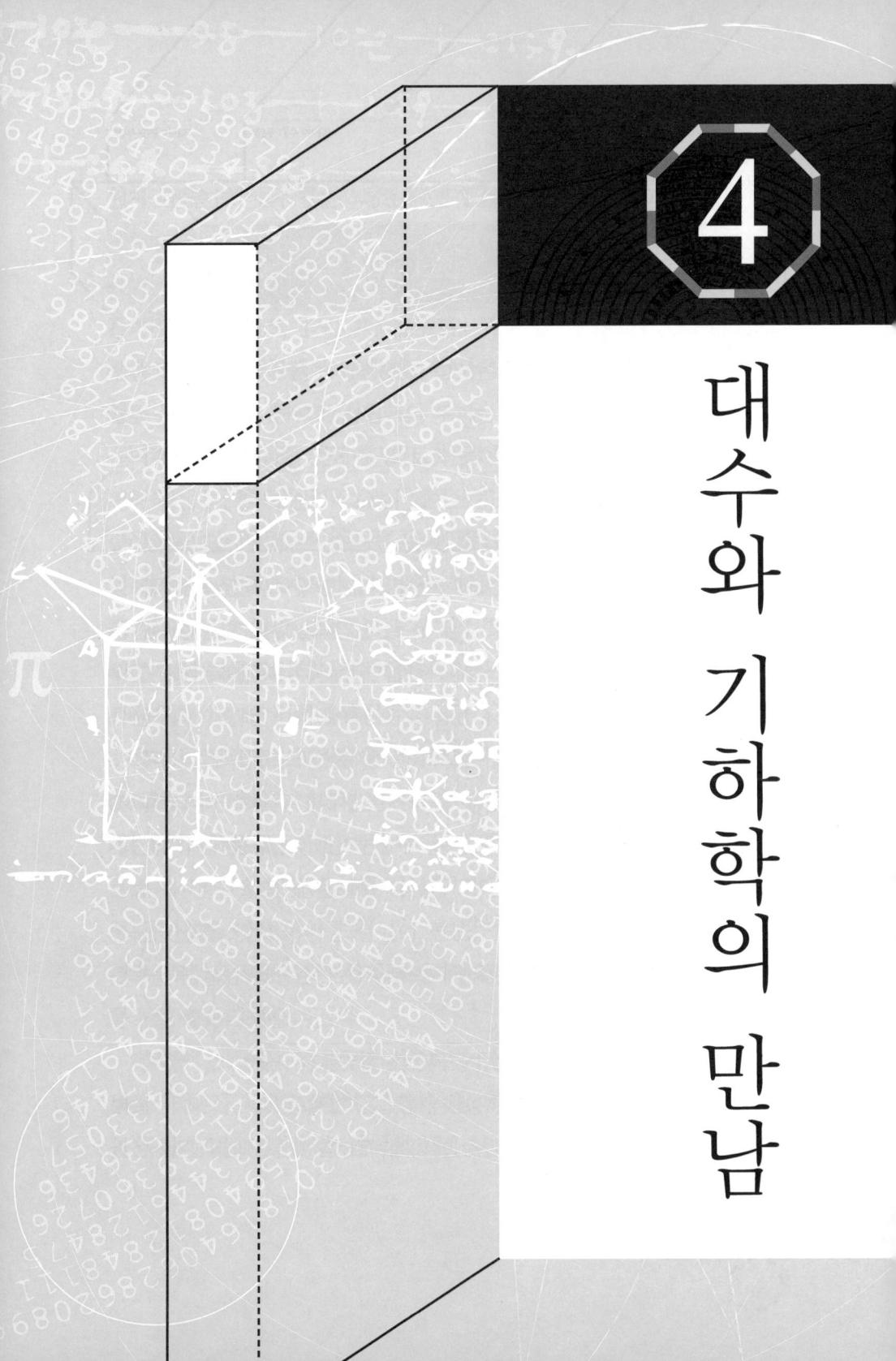

4

대수와 기하학의 만남

1 해석기하학의 탄생

1) 유클리드 기하학의 한계

우리는 앞에서 수의 탄생과 대수학의 발전 그리고 기하학에 대해 이야기했다. 앞서 알아본 바와 같이 각 나라는 나름대로 수학을 발전시켜 왔다. 그러나 그 가운데 그리스가 수학사에서 크게 부각되는 이유는 그리스 인들이 이집트나 바빌로니아와 같은 다른 문명국에는 없던 논리 체계를 세웠기 때문이다. 특히 기하학을 중요시했던 그리스에서는 확실히 인정된 것만을 사용하여 증명해 나가는 방법을 택했는데, 그 중 가장 뛰어난 걸작품이 바로 유클리드의 『원론』이다. 이 책은 폭넓은 내용과 명쾌한 논리, 엄밀하고 정확한 구조 때문에 수학을 연구하는 데 없어서는 안 될 필독서로 인정받고 있다.

그러나 앞에서 살펴보았듯이 이 『원론』에도 한계는 있다.

다음과 같은 정리를 증명해 보자.

이등변삼각형의 두 밑각의 크기는 서로 같다.

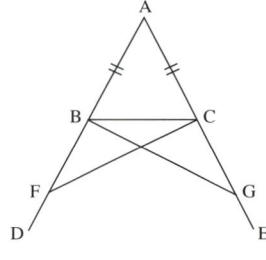

『원론』의 증명을 살펴보면,

변 AB의 연장선 AD와 변 AC의 연장선 AE 위에 $\overline{AF} = \overline{AG}$ 가 되도록 점 F와 G를 잡는다.

그러면 △AFC≡△AGB(∵제4정리—SAS 합동—에 의하여 $\overline{AF} = \overline{AG}$, $\overline{AC} = \overline{AB}$, ∠A는 공통)……①

그리고 △BFC≡△CGB(∵제4정리—SAS 합동—에 의하여 $\overline{BF} = \overline{CG}$, ∠BFC=∠CGB, $\overline{CF} = \overline{BG}$)……②

①에서 ∠ACF=∠ABG

②에서 ∠BCF=∠CBG

∴ ∠ACB=∠ABC

즉 이등변삼각형의 두 밑각의 크기는 서로 같다.

같은 정리를 탈레스의 방법으로 증명해 보자.

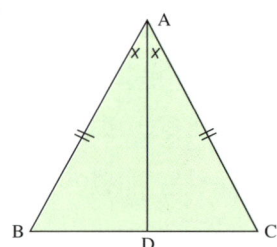

$\overline{AD} = \overline{BC}$ 인 삼각형에서 꼭지각 A를 이등분하면

△ABD≡△ACD(SAS 합동)

∴ ∠B = ∠C

유클리드가 이런 쉬운 방법을 몰랐을 리 없다. 그러나 그가 이 방법을 쓰지 않은 이유는, 『원론』의 전개 방법이 앞에서 증명되고 논의된 사실만을 사용하도록 되어 있는데, 위의 증명 과정에는 각을 이등분하는 데 대한 언급이 그 전 단계에 없기 때문이다. 결국 유클리드는 완벽한 논리성을

추구하다 보니 간단히 할 수 있는 증명도 훨씬 복잡한 것으로 만들고 말았다.

현재 우리가 증명하는 방법은 앞의 것과는 또 다르다.

△ABC에서 꼭지점 A를 고정시키고 꼭지점 B와 C의 위치를 바꾼다.

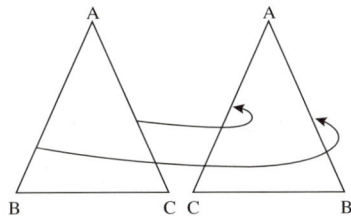

가정에 의하여 $\overline{AB} = \overline{AC}$ 이고,

$$\angle BAC = \angle CAB$$ 이므로

$$\triangle ABC \equiv \triangle ACB$$

$$\therefore \angle ABC = \angle ACB$$

이것도 매우 쉬운 방법이나 유클리드는 이 방법도 사용하지 않았다.

그리스 인들의 사고는 매우 정적인 것이었으며 유클리드 역시 움직임에 대한 것은 전혀 생각하고 있지 않았다. 그래서 그의 『원론』에는 이동한다거나 변형하는 것은 등장하지 않는다. 합동을 증명할 때에도 하나를 움직여 다른 것에 겹쳐

보지 않고 꼭지점이나 변을 서로 대응시키는 방법을 쓰고 있으며, 닮음에서도 확대나 축소 등의 변화는 전혀 다루지 않았다.

케플러가 행성궤도가 타원형임을 밝혀 냈을 때 유클리드 기하학으로는 그 궤도를 계산해 낼 수가 없었는데 그것은 단지 도형의 성질만 연구했을 뿐 곡선의 길이나 넓이 등 양적인 관계는 도외시했기 때문이다.

이러한 유클리드의 기하학은 현실을 설명하는 데 도움을 주기보다는 명상과 사색 그리고 논리적인 두뇌 훈련을 위한 학문으로서의 역할이 더 강했다. 그러나 새로운 시대는 새로운 내용의 지식을 요구하고 있었다.

2) 변수의 등장

르네상스를 맞이한 중세의 유럽은 활기를 되찾아 갔다. 각 나라간에 상업 활동이 활발해지면서 여행에 필요한 지도 제작, 항해술, 천문학 등이 발달하였고, 복잡한 식을 계산해야 하는 필요성은 삼각함수와 로그, 방정식 등에 대한 연구를 가속화시켰다. 또 16세기 말부터는 수공업적인 생산에서 탈피하여 기계를 사용한 대량 생산 체제에 들어갔으며, 이 물건들을 팔기 위한 무역 전쟁도 치열해져 갔다.

이러한 시대적 분위기는 각 분야의 발달을 자극했다. 먼 바다에 나가기 위해서는 우선 크고 좋은 배를 만들어야 했는데 이는

무작정 배의 크기만 늘린다고 해결될 문제는 아니었다. 물과의 마찰이 증가하는 것을 막고 속력이 줄지 않도록 해야 하는 동시에 많은 양의 물건을 싣고도 안전을 유지해야 하는 과제가 남아 있었다. 또 시간을 정확히 측정할 수 있는 시계의 발명이 시급했으며 멀리 내다볼 수 있는 정밀한 망원경도 필요했다.

또 물건을 빨리 운반하기 위한 도로나 운하의 건설 공사가 활발해지면서 건축술도 발달하였다. 그리고 자기 나라의 물건을 팔 식민지를 개척하기 위한 전쟁이 치열해지면서 신무기에 대한 연구도 활발해져 군수 산업이 발달하였다.

과학자들은 이 많은 문제들을 해결해야 하는 부담을 안게 되었는데, 그들이 특히 관심을 가졌던 것은 산업 발달로 인해 새롭게 제기된 '운동'이라는 개념에 관한 것이었다. 이러한 관심은 수학 분야에도 '운동'과 '변화'의 바람을 불어넣어 수와 양, 도형의 연구에 운동 개념이 덧붙여지게 된다.

그러한 움직임은 위대한 수학자 데카르트에서부터 시작되었다.

3) 데카르트와 좌표평면

데카르트

데카르트는 1596년 프랑스의 귀족 집안에서 태어났다. 그는 본래 몸이 약하여 늘 늦게까지 침대에 누워 있곤 했는데, 학교에 입학하고 나서도 그 버릇은 계속되었다. 그를 귀엽게 여긴 교장 선생님께서 마음껏 누워 있어도 좋다고 허락을 해주셨기 때문이다. 그러나 그는 몸이 약하다는 핑계로 침대에 누워 지내며 게으름을 피운 것이 아니라 이 시간을 명상하면서 보냈다고 한다. 훗날 그는 이 아침의 명상이 그의 철학과 수학의 기본이 되었다고 회고하였다.

그는 라틴 어와 그리스 어, 철학, 윤리학뿐만 아니라 수학에도 관심이 많았는데, 그가 철학에서 특히 깊이 생각한 것은 학문을 연구하는 방법의 기초를 세우는 것이었다.

수학의 전개 방법은 빈틈이 없고 누구나 수긍하는 보편성을 가지고 있다는 사실을 발견한 데카르트는 수학에서 얻은 지식을 다른 것에 적용하기 위해 우선 수학 연구에 몰두하였다. 그는 22세에 군대에 갔는데, 이 시기에는 시간 여유가 많아 수학을 연구하기에는 더없이 좋았다.

그는 먼저 그때까지 수학에서 최고의 위치를 차지하고 있던 그리스 수학에 대해 살펴보다가 문제점을 발견하였다.

△ABC에서 꼭지각 A에 이등분선을 그어 $\overline{BC}$와 만난 점을 D라 하자.

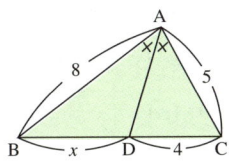

$\overline{AB}$ =8, $\overline{AC}$ =5, $\overline{DC}$ =4일 때 $\overline{BD}$의 길이는?

꼭지점 C에서 $\overline{AD}$에 평행한 선을 그어 $\overline{BA}$의 연장선과 만난 점을 E라 하자.

$$\angle DAC = \angle ACE(\overline{AD} /\!/ \overline{CE} \text{ 이므로 엇각})$$

$$\angle BAD = \angle AEC(\text{동위각})$$

$$\therefore \overline{AC} = \overline{AE} = 5$$

$$\overline{BA} : \overline{AE} = \overline{BD} : \overline{DC}$$

$$8 : 5 = x : 4$$

$$5x = 32$$

$$\therefore x = \frac{32}{5}$$

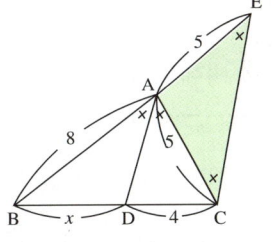

위 증명은 옳다. 하지만 처음에 보조선을 긋는 문제에 대해서는 누구나 당혹감을 느낄 것이다. 왜 하필이면 그곳에 보조선을 긋는 걸까? 거기에 보조선을 그어야 한다는 사실을 어떻게 알아

낼 수 있나? 위의 질문에 대한 대답은 그 어느 곳에도 없다. 그것은 너무나 우연적인 것으로 보통 사람이 생각하기에는 비논리적이며 비약이 심한 것이다. 데카르트는 이 문제점 때문에 기하학에 매력을 잃고 대수 쪽으로 눈을 돌렸다.

　대수는 기하와는 전개 방식이 좀 다르다. 기하학이 이미 알고 있는 사실을 종합하여 정리를 증명하거나 새로운 정리를 얻는 데 비해 대수는 구하는 수를 미리 알고 있다고 가정한 상태에서 답을 구한다. 예를 들어 "어떤 수에 2배를 한 후 4를 더했더니 처음의 수와 같아졌다. 그 수는 얼마인가?"라는 문제를 푼다고 하자. 우리는 어떤 수를 미리 알고 있는 것처럼 x로 놓고 완성된 식을 세운다.

$$2x + 4 = x$$

$$\therefore x = -4$$

즉 기하학이 종합적인 데 반해 대수학은 분석적 또는 해석적

(구하는 결론을 일단 증명된 것이라고 가정하고 거기서 거꾸로 분석해서 기왕에 알려진 진리에 도달하는 방법)이라고 할 수 있다.

데카르트는 대수학의 이러한 특징을 기하학에 적용할 수 있는 방법을 찾는 일에 정열을 쏟았다. 그 결과 그는 획기적인 결과를 얻게 되는데, 그 기초는 바로 **좌표평면**이다.

우선 평면 위에 원점 O에서 직교하는 가로, 세로의 두 직선을 긋고 가로선을 x축, 세로선을 y축이라고 한다. 원점으로부터 x축 위에 단위 길이들을 표시하고 오른쪽으로는 1, 2, 3, ……, 왼쪽으로는 −1, −2, −3, ……으로 정한다.

또 원점으로부터 y축 위에 단위 길이들을 표시하고 위쪽으로는 1, 2, 3, ……, 아래쪽으로는 −1, −2, −3, ……으로 정한다.

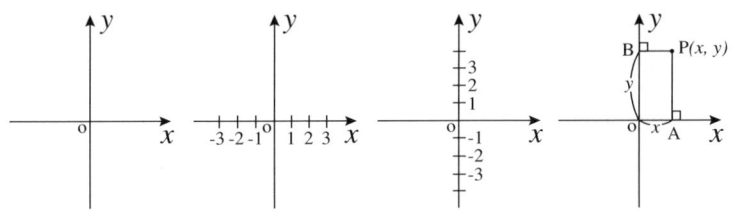

이 평면 위에 한 점 P가 있다고 하자.

P에서 x축에 수선을 내려 A라고 하고 y축에 수선을 내려 B라 하면, A에 대응하는 부호를 가진 수 x와 B에 대응하는 부호를 가진 수 y가 정해진다. 역으로 한 쌍의 수 x, y가 주어진 x축 위에서 x를 잡아 수직선을 긋고, y축 위에서 y를 잡아 수직선을 그어 두 직선이 만나는 점을 결정할 수 있다.

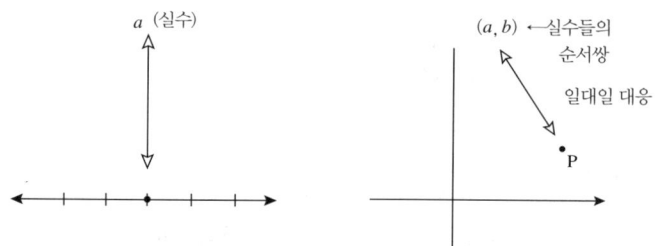

모든 실수와 수직선 위의 점은 빠짐없이 일대일 대응되고 두 실수로 이루어진 순서쌍과 좌표평면 위의 모든 점도 역시 빠짐없이 일대일 대응된다.

이런 방법을 쓰면 평면 위의 모든 점을 (x, y)의 순서쌍으로 표시할 수 있고, 역으로 실수들의 순서쌍 (x, y)는 좌표평면 위의 오직 한 점과 대응한다. 이때 P를 나타내는 두 수(x, y)의 순서쌍을 P의 좌표라고 한다.

이처럼 숫자와 평면 위의 점을 연결시키는 것은 그리스 인들도 할 줄 알았다. 그러나 그들은 음수를 수로 인정하지 않았기 때문에 x, y가 양수일 때만을 다루었다.

그런데 데카르트는 음수까지도 양수와 마찬가지로 수직선 위에 나란히 표기함으로써 음수도 양수와 같이 사용하였다.

또 그리스 인들은 a는 선분의 길이를 나타내고, a^2은 한 변의 길이가 a인 정사각형의 넓이를 나타내며, ab라고 쓰면 변의 길이가 각각 a, b인 직사각형의 넓이를 나타낸다고 생각했다. 즉 '직선×직선=넓이'라는 사고 방식을 가지고 있었던 것이다.

하지만 우리는 a^2을 꼭 넓이로만 인식하지 않는다. 단순히 a라는 길이를 두 번 곱한 길이일 수도 있기 때문이다. 이러한 생

이러한 사고는 피타고라스의 정리에서도 엿볼 수 있다.

현재의 우리는 '피타고라스의 정리'를 간단하게 "직각삼각형에서 빗변의 길이의 제곱은 나머지 두 변의 제곱의 합과 같다"라고 말한다.

또는 그림을 그려서 일 때 $a^2+b^2=c^2$이라고 말한다.

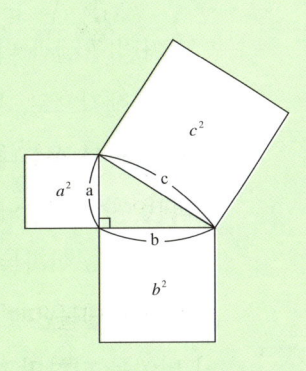

그러나 그리스 시대 사람인 피타고라스는 똑같은 내용을 "직각삼각형에서 빗변을 한 변으로 하는 정사각형의 넓이는 나머지 두 변을 각각 한 변으로 하는 정사각형의 넓이의 합과 같다"라고 서술하고 있다. 그들에게 제곱이란 넓이를 의미하는 것이었기 때문이다.

각의 변화는 바로 데카르트에서 시작되었다.

데카르트는 '직선×직선=직선'이라는 새로운 사고를 하였다.

다음 그림들을 보자.

△ABC와 △AB′C′는 닮은 꼴이다.

$$\therefore 1 : b = a : x$$

$$\therefore a \times b = x$$

여기서 $a \times b$는 그리스 인들이 생각했던 것처럼 직사각형의 넓이가 아닌, x라는 길이를 표시하고 있다.

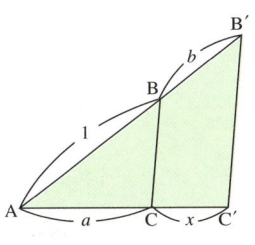

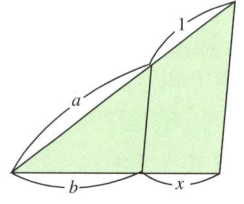

또 $a:1=b:x$에서

$x=b\div a$이다.

위의 결과는 그리스 인들은 생각지도 못했던 '직선÷직선=직선의 길이'를 표시하고 있다.

이처럼 곱셈과 나눗셈을 선분의 길이로 표시한 것은 실로 획기적인 생각으로, 데카르트는 "수를 직선의 길이로 나타낸다. 그러면 직선으로 나타낸 양 사이에 어떤 계산이 이루어져도 그 결과는 항상 직선의 길이로 나타낼 수 있다"고 규정하였다.

$x^2+y^2=a^2$이라는 식을 살펴보자.

그리스 인들은 이 식을 한 변의 길이가 각각 x, y인 정사각형의 넓이를 더하면 한 변의 길이가 a인 정사각형의 넓이와 같다라는 뜻으로 해석한다.

그러나 좌표평면을 이용하면 이것은 중심이 원점에 있고 반지름이 a인 원의 방정식이 됨을 알 수 있다.

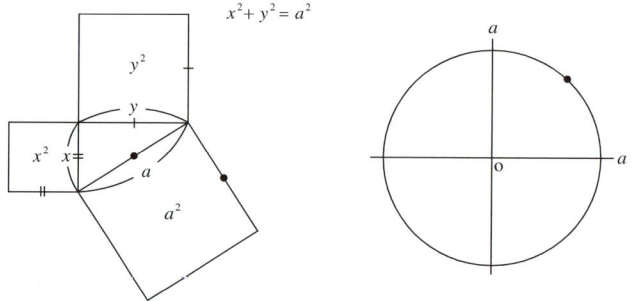

그리스 인의 사고는 왼쪽 것에 한정되어 있었다.
그러나 현재의 우리는 오른쪽 원도 생각할 수 있다.

또 $y^2=4x$라는 식을 그리스 인들에게 보여주면 "이거 틀렸잖아!"라고 할 것이다. 그들의 생각대로라면 y^2은 한 변의 길이가 y인 정사각형의 면적을 나타내고, $4x$는 단순히 길이를 4배한 것인데 '넓이=길이'라는 식은 성립할 수 없기 때문이다. 그러나 이것은 실제로 포물선의 방정식이다.

이와 같이 그리스 인들의 사고를 확장시킨 데카르트의 두 가지 생각, 즉 음수도 직선 위에 표시하여 양수와 같이 눈에 보이는 수로 다루게 하고, 제곱은 넓이라는 고정관념으로부터 수를 자유롭게 하여 어떠한 사칙연산도 단순한 길이가 될 수 있게 한 것은 현대 수학뿐 아니라 현대 과학에도 커다란 영향을 미쳤다.

4) 좌표평면과 방정식

우리는 앞에서 운동과 변화를 요구하는 유럽의 시대적 분위기에 대해 이야기했다. 그리고 데카르트가 평면 위의 점과 실수의 순서쌍을 일대일 대응이 되게 했음을 알았다. 이 두 가지 사실을 관련시켜 보자.

두 수 x와 y 사이에 $y=x+1$이라는 관계가 있고 x가 고정된 수가 아닌 변하는 수(변수)라면 y도 같이 변한다. 이때 x는 스스로 변하기 때문에 **독립변수**, y는 x값에 따라 달라지기 때문에 **종속변수**라 한다.

x가 정수일 때 변하는 값들을 표로 나타내 보면,

x	$\cdots$	-5	-4	-3	-2	-1	0	1	2	3	4	5	6	7	$\cdots$
y	$\cdots$	-4	-3	-2	-1	0	1	2	3	4	5	6	7	8	$\cdots$

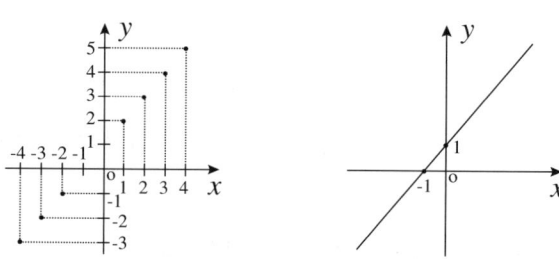

이들의 순서쌍을 좌표평면에 표시하면 왼쪽 그림과 같다. 또 x가 모든 실수를 변역으로 가질 때는 y도 실수의 값을 가지면서 변하며, 그러한 값을 좌표평면상에 표시하면 오른쪽 그림과 같은 직선이 된다. 이때 집합 $\{(x, y) \mid y=x+1, x$는 실수$\}$를 **그래프**라 하고 이 그래프를 좌표평면 위에 옮긴 직선을 **그래프의 기하학적 표시**, $y=x+1$을 이 **그래프의 방정식**이라고 한다.

$y=x+1$인 직선 위의 점들은 또 무엇을 의미할까? 그것은 미지수가 x, y 두 개인 이원일차방정식의 해를 뜻한다. 직선 위의 모든 점이 해가 되므로 결국 해는 무수히 많다.

또 직선과 x축이 마주치는 점은 무엇일까? x축은 $y=0$일 때이므로 $x+1=0$에서 $x=-1$이라는 값을 얻는다(이를 x**절편**이라 한다). 이것은 $y=x+1$는 식에서 $y=0$일 때의 방정식 $x+1=0$의 해를 구하는 것과 같다.

이번에는 좀더 나아가 두 개의 직선에 대해 생각해 보자.

$y=x+1$과 $y=2x-1$을 같은 좌표평면에 그려 보면 오른쪽 그림과 같다.

그림에서 보는 것처럼 두 직선은 한 점에서 만나는데 그 점의 좌표를 구해 보자. 교점이란 두 직선에서 (x, y)가 같은 값이므로,

$$x+1=2x-1$$이면

$$x=2$$

이 값을 두 식 중 어느 하나에 넣으면 $y=3$이 된다. 즉 교점의 좌표는 $(2, 3)$이다.

이 점은 두 개의 식을 동시에 만족시키는 것이므로 두 직선의 교점을 구하는 것은

$$y=x+1$$

$$y=2x-1$$

이라는 이원일차연립방정식을 푸는 것과 같다.

결국 위의 방법은 단순히 수의 관계를 나타내는 대수학과 도형의 성질을 연구하던 기하학을 하나로 묶은 것이다. 우리는 이것을 **해석기하**

학이라고 부른다.

　데카르트가 개발한 이 해석기하학 덕분에 변화의 개념 없이 도형의 성질만을 연구하던 유클리드 기하학의 한계가 극복되었고, 수학이 과학을 발전시키는 데 커다란 역할을 하게 된다.

"삼각형의 세 변의 수직이등분선은 한 점에서 만난다"라는 정리를 유클리드 기하학과 해석기하학은 각각 어떻게 증명했는지 비교해 보자.
　유클리드 기하학으로 증명해 보면,
　△ABC의 두 변 $\overline{AB}$, $\overline{AC}$의 수직이등분선의 교점을 O라 하고, O에서 $\overline{BC}$에 내린 수선의 발을 E라고 하자.

$$\overline{OA} = \overline{OB} \cdots\cdots ①$$

　　(∵ O는 $\overline{AB}$의 수직이등분선상의 점)

$$\overline{OA} = \overline{OC} \cdots\cdots ②$$

　　(∵ O는 $\overline{AC}$의 수직이등분선상의 점)

①, ②에서 $\overline{OB} = \overline{OC}$

△OBE와 △OCE에서 $\overline{OB} = \overline{OC}$

$\overline{OE}$는 공통

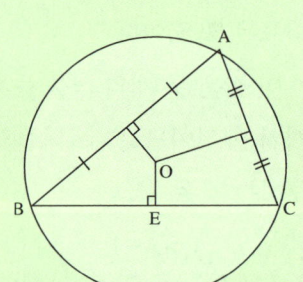

　　∠OEB = ∠OEC = ∠R

　　∴ △OBE ≡ △OCE

　　∴ $\overline{BE} = \overline{CE}$

곧 $\overline{OE}$는 $\overline{BC}$의 수직이등분선이 된다.
이번에는 좌표평면을 이용하여 증명해 보자.

그림과 같이 $\overline{BC}$를 x축, $\overline{BC}$의 수직이등분선을 y축으로 잡고 △ABC의 세

꼭지점의 좌표를 A(a, b), B($-c$, 0),

C(c, 0)라고 하면, $\overline{AB}$의 기울기는

$\dfrac{b}{a+c}$이고, $\overline{AB}$의

중점 M의 좌표는 $\left(\dfrac{a-c}{2}, \dfrac{b}{2}\right)$이다.

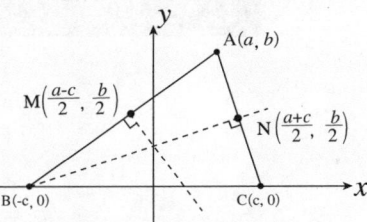

그러므로 중점 M을 지나고, 변 $\overline{AB}$에 수직인 직선의 방정식은

$$y - \frac{b}{2} = -\frac{a+c}{b}\left(x - \frac{a-c}{2}\right) \cdots\cdots ①$$

또, $\overline{AC}$의 기울기는 $\dfrac{b}{a-c}$이고 AC의 중점 N의 좌표는 $\left(\dfrac{a+c}{2}, \dfrac{b}{2}\right)$이다.

그러므로 중점 N을 지나고 $\overline{AC}$에 수직인 직선의 방정식은

$$y - \frac{b}{2} = -\frac{a-c}{b}\left(x - \frac{a+c}{2}\right) \cdots\cdots ②$$

① − ② 하면

$$0 = -\frac{a+c}{b}\left(x - \frac{a-c}{2}\right) + \frac{a-c}{b}\left(x - \frac{a+c}{2}\right)$$

$$0 = -2(a+c)x + a^2 - c^2 + 2(a-c)x - a^2 + c^2$$

$$0 = 2x(-a-c+a-c)$$

$$0 = -4cx, \ 즉 \ x = 0$$

$x=0$을 ①에 대입하면

$$y - \frac{b}{2} = -\frac{a+c}{b}\left(-\frac{a-c}{2}\right)$$

$$y = \frac{a^2 + b^2 - c^2}{2b}$$

따라서 직선 ①, ②의 y절편이 같으므로 두 수직이등분선은 한 점

$\left(0, \dfrac{a^2+b^2-c^2}{2b}\right)$에서 만난다. 이 점을 삼각형의 **외심**이라 한다.

2 해석기하학과 원뿔곡선

　　중세에서 근세로 넘어오는 계기가 된 것은 상업의 발달이었다. 물건을 사고 팔기 위해 장거리 이동을 시작한 사람들은 움직임에 대한 사고를 발달시켰고 그것은 수학에서 변수의 개념을 낳았다. 데카르트는 이를 이용해서 좌표평면을 만들었으며 그 덕분에 기하학과 대수학이 하나로 합쳐져 해석기하학이 탄생하였다. 이로써 단지 도형의 성질만을 연구하던 기하학은 크기, 넓이, 길이 등 대수적인 것들을 포괄하여 설명하는 '대수학적 기하'로 발전한다.

　　여기에 함수의 의미가 덧붙여지고 미적분이 탄생하면서 수학은 자연 현상을 설명하는 효과적인 도구로서의 역할을 훌륭히 수행할 뿐만 아니라 과학의 발전에도 큰 몫을 담당한다.

　　그러나 이 장에서는 그런 어려운 내용은 피하고 해석기하학과 원뿔곡선과의 관계 및 그 이용에 대한 것만을 얘기하기로 하자.

앞에서 설명했듯이 원뿔곡선은 그리스 수학자들이 단지 심심풀이로 연구해본 것들이다. 직원뿔을 여러 각도에서 자를 때 생기는 네 가지 도형, 즉 원, 포물선, 타원, 쌍곡선은 발견될 당시에 사람들의 관심을 끌지 못했고, 그 후로도 계속 잊혀져 있었다.

그러나 해석기하학이 탄생하면서 그 의미가 새롭게 부각되었고 여러 방면에서 이용되기 시작한다.

우선 각 도형의 좌표평면 위에서의 방정식부터 살펴보기로 하자.

 원

아폴로니우스는 직원뿔을 밑면에 평행하게 자른 단면을 원이라 하였다.

유클리드는 『원론』에서 '선분 OA가 있을 때, OA와 합동인 선분 OP들의 집합을 원이라 한다'고 정의하고 있다.

움직임과 거리에 관한 개념이 생긴 지금은 원을 '평면 위의 한 정점 O에서 같은 거리에 있는 점들의 집합', 또는 '평면 위의 한 정점 O에서 같은 거리에 있는 점의 자취'라고 정의한다. 이때 정점 O를 원의 중심이라 하고, '일정한 거리'를 원의 반지름이라 한다.

이제 이 원을 데카르트의 좌표평면 위에 놓아 보자.

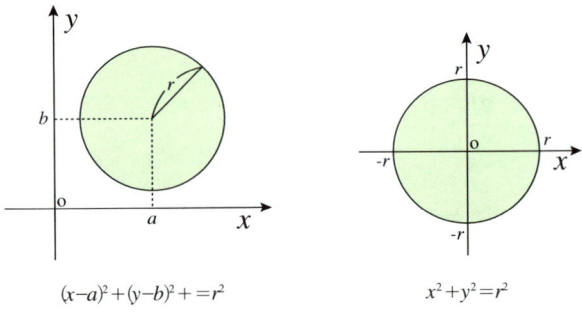

$$(x-a)^2+(y-b)^2+=r^2 \qquad x^2+y^2=r^2$$

일반적으로 중심의 좌표가 $C(a, b)$이고 반지름이 r인 원의 방정식은 $(x-a)^2+(y-b)^2=r^2$이다.

중심이 원점에 있다면 위 식에서 $a=0$, $b=0$일 때이므로 $x^2+y^2=r^2$이 된다.

원의 방정식을 정리해 보면, $x^2 + y^2 + Ax + By + C = 0$의 꼴이다(A, B, C:상수). 이것을 **원의 방정식의 일반형**이라 한다.

포물선

아폴로니우스는 직원뿔을 모선에 평행하게 잘랐을 때 생기는 단면에 '파라볼라'(일치한다는 뜻)라는 이름을 붙였다.

1800년 뒤 갈릴레이는 그것이 물체를 위로 던졌을 때 그리는 곡선, 즉 포물선임을 밝혀냈다. 그는 이렇게 말하고 있다.

"물체를 던졌을 때 그것이 어떤 종류의 곡선을 그린다는 것은 이미들 알고 있다. 그러나 이 곡선이 바로 아폴로니우스가 말한 원뿔

갈릴레이

을 그 모선에 평행인 평면으로 자른 면의 곡선, 즉 파라볼라라는 것은 아무도 지적하고 있지 않다. 나는 그 밖에도 이와 비슷한 중요한 사실을 많이 증명했다. 그리고 중요한 점은, 이들 여러 사실이 아직 알려지지 않은 광대하고 극히 중요한 과학을 정립하는 길을 열었다는 사실이며, 나의 노력은 한낱 단서에 지나지 않는다는 점이다. 머지않아 예민한 사람들이 차례로 나타나 내가 개척한 이 빈약한 길을 지나 과학의 감추어진 부분을 개척해 갈 것이다.”

현재 우리는 이 포물선을 ‘평면 위의 한 정점과 한 정직선으로부터 같은 거리에 있는 점의 자취’로 정의한다. 이때 정직선을 **준선**, 정점을 **초점**이라고 부른다.

포물선은 초점과 준선의 위치에 따라 $y^2=4px\cdots\cdots$①, $x^2=4py\cdots\cdots$②의 두 가지 표준형으로 나뉜다.

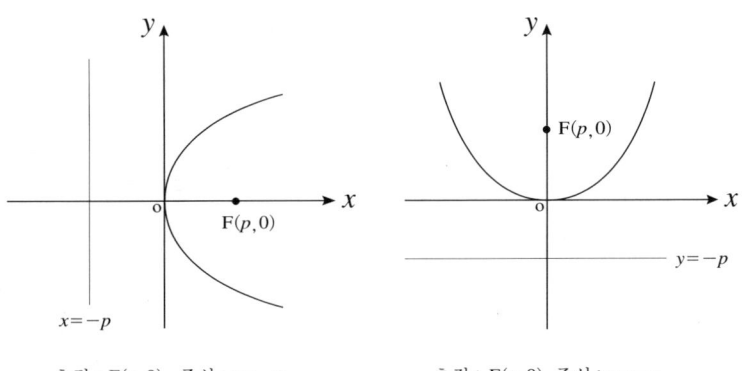

초점 : F$(p,0)$ 준선 : $x=-p$

$y^2=4px$

초점 : F$(p,0)$ 준선 : $y=-p$

$x^2=4py$

둘을 합쳐서 하나의 식으로 만들어 보자.

하나는 x^2항이 없는 대신 x항이 있고, 또 하나는 y^2항이 없는 대신 y항이 있으므로, $Ax^2 + By^2 + Cx + Dy + E = 0 \cdots$③에서

①은 $A = 0(C \neq 0)$일 때이고

②는 $B = 0(D \neq 0)$일 때로 볼 수 있다.

③식은 두 가지 포물선의 표준형을 한꺼번에 쓴 식이므로 **포물선의 방정식의 일반형**이라고 한다.

인터넷에는 비스듬히 던진 물체가 포물선을 그리며 움직이는 모습을 직접 눈으로 볼 수 있게 만든 사이트가 여러 개 있다. 그 가운데 두 개를 소개한다.

[포물선 운동]

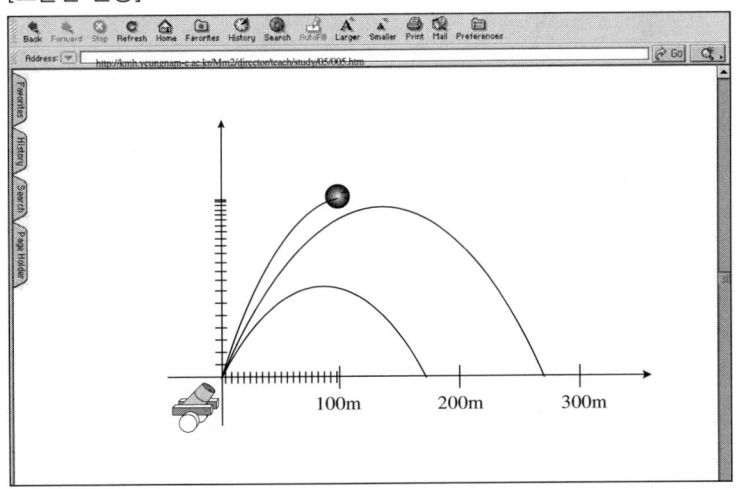

참고: 이동준 선생의 java 실험실

http://www.science.or.kr/lee/physics/projectile/projectile.html

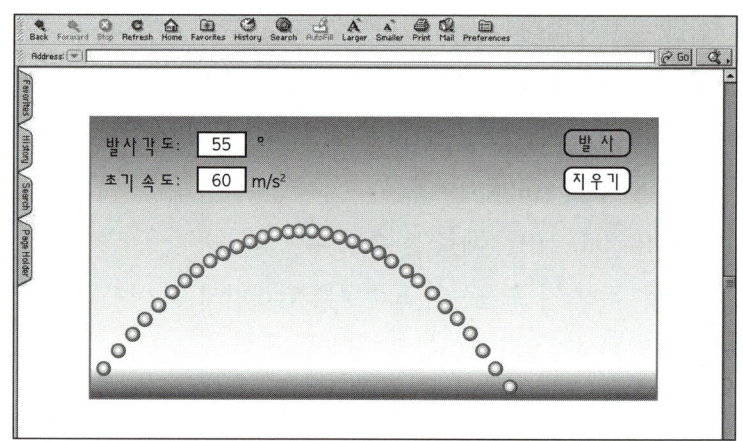

참고: 물리교사를 위한 디렉터 교실
http://kmh.yeungnam-c.ac.kr/Mm2/director/teach/study/05/005.htm

 **타원**

이제 타원에 대해서 알아보자.

아폴로니우스는 타원을 얻기 위해 직원뿔을 밑면에 닿지 않게 비스듬히 잘랐다. 그 단면은 '평면 위의 두 정점으로부터의 거리의 합이 일정한 점들의 자취'와 같다. 이때 두 정점을 **초점**이라 한다.

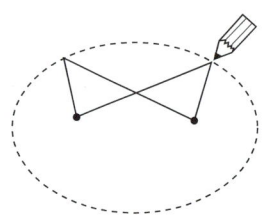

타원을 직접 그려 보자. 먼저 초점이 될 두 점을 잡고, 원하는 길이(두 점으로부터의 거리의 합)의 실 양끝을 두 점에 고정시킨다. 연필

로 실을 팽팽하게 당기면서 한바퀴 돌리면 이때 생기는 자취가 타원이다. 타원의 표준형은 $\frac{x^2}{a^2} + \frac{y^2}{b^2} = 1$이다. 이것을 좌표평면 위에 그려 보면 아래의 두 형태로 나타난다.

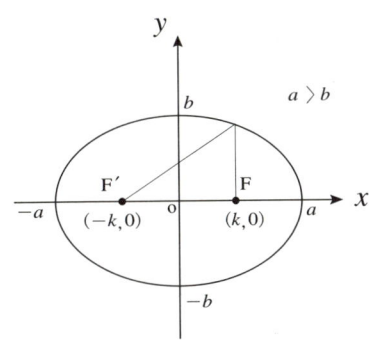

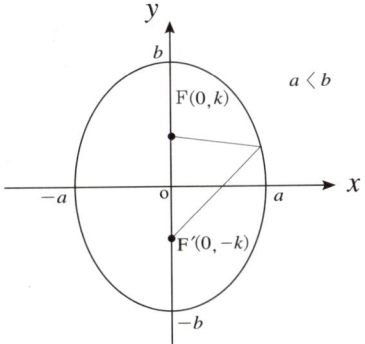

두 정점 $F(k,0)$, $F'(-k,0)$에서의
거리의 합이 $2a$인 타원

$$\frac{x^2}{a^2} + \frac{y^2}{b^2} = 1 \quad (k^2 = a^2 - b^2)$$

두 정점 $F(0,k)$, $F'(0,-k)$에서의
거리의 합이 $2b$인 타원

$$\frac{x^2}{a^2} + \frac{y^2}{b^2} = 1 \quad (k^2 = b^2 - a^2)$$

좌표평면에 있는 타원의 방정식을 정리해 보면, 모두 $Ax^2 + By^2 + Cx + Dy + E = 0$(A, B는 같은 부호의 수)으로 된다. 이것을 **타원의 방정식의 일반형**이라 한다.

원, 포물선의 방정식의 일반형과 비교해 보자.

타원이라는 생소한 곡선이 사람들의 관심을 끈 것은 케플러(Kepler : 1571~1630)의 대발견 이후의 일이다.

케플러

케플러는 1571년 독일의 개신교 집안에서 태어났다. 그는 가난하고 병약했으며 종교적 박해도 많이 받았으나 열심히 공부하여 1594년부터는 중학교에서 수학과 윤리학을 가르치게 되었다.

1599년에 케플러는 천체 관측자인 티코 브라헤(Tycho Brahe : 1541~1601)의 조수가 되었고 2년 후 그가 죽자 그동안의 관찰 기록들을 물려받았다. 케플러는 화성의 궤도를 관찰하다가 티코 브라헤의 관측 결과와는 차이가 있음을 발견하고 그때까지 정설로 여겨지던 '행성은 원 궤도를 그린다'는 사실을 의심하기에 이른다.

그는 원과 비슷한 여러 가지 곡선의 수치와 관측 결과를 비교하였는데, 그러기 위해서는 천문학적인 숫자의 계산을 많이 해야 했다. 지금처럼 전자계산기도 없던 시대에 그는 완전히 손으로만 그 많은 계산을 몇 년에 걸쳐서 해냈다. 그 과정이 얼마나 힘들었는지에 대하여 그는 이렇게 말하고 있다.

"만일 여러분이 지긋지긋한 계산 방식에 싫증이 났다면 저를 가엾이 여겨 주십시오. 전 오랜 시간을 들여서 같은 계산을 적어도 70번은 되풀이하지 않으면 안 되었으니까요. 그러므로 제가 화성에 관한 일을 인수받은 지 벌써 5년 가까운 시간이 흘렀다는 사실에 그리 놀라실 필요가 없을 것입니다……."

이와 같은 엄청난 계산 끝에 케플러가 발표한 것은 세 가지 법칙이었다.

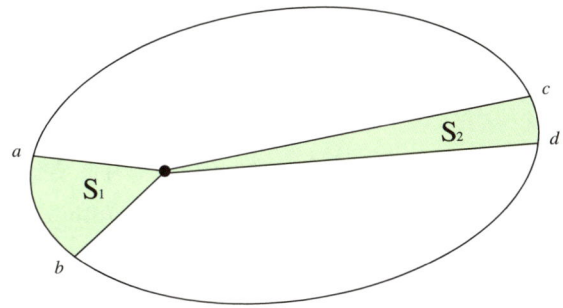

$S_1 = S_2$이면 행성이 a에서 b까지 가는 데 걸리는 시간과 c에서 d까지 가는 데 걸리는 시간은 같다. 즉 지구도 태양에 가까이 있을 때는 빨리 움직이고 태양으로부터 멀리 있을 때는 천천히 움직인다.

제1법칙 : 행성의 궤도는 타원이며, 태양은 그 한 초점에 위치한다.
제2법칙 : 행성과 태양을 맺는 선분이 동일한 시간에 그리는 면적은 항상 일정하다(이 법칙에 따르면 행성은 태양에 가까울수록 빠르게 운행하고, 태양으로부터 멀리 떨어져 있을수록 느리게 운행한다).
제3법칙 : 행성이 태양의 주위를 일주하는 시간(주기)의 제곱은, 태양으로부터 행성까지의 평균 거리의 세제곱에 비례한다.

케플러는 천문학의 역사상 가장 빛나는 이 세 가지 법칙을 이용하여 1500여 개의 행성 위치를 예측하는 표와 시기를 나타낸 '루돌프 표'를 작성하여 출판했다(1627). 이 자료는 그후 1세기 이상 천문학자, 항해자, 책력 작성자에게 필수적인 것이 되었다.

그러나 30년 전쟁(1618~1648)으로 '루돌프 표'의 인쇄는 계속 지연되었고, 생활에 쪼들린 그는 일자리를 알아보고 미지급된 급료를 독촉하기 위해 여행하던 중 죽고 말았다. 그때가 1630년 11월, 그의 나이 60세 때였다. 그러나 유골마저 전쟁통에 흩어져 버렸기 때문에 현재 그의 무덤에는 스스로 지은 묘비명만이 남아 있을 뿐이다.

일찍이 천공(天空)을 측정하고 이제 땅의 그림자를 측정하노라.
일찍이 정신은 천공에 있고, 이제 육체의 그림자가 땅에 뻗도다.

그로부터 1세기도 지나지 않아 뉴턴은 "모든 물체는 서로 끌어 당기고 있으며 그 인력의 크기는 그들의 질량의 곱에 비례하고 거리의 제곱에 반비례한다"는 만유인력의 법칙과 미적분이라는 새 계산법을 사용하여 케플러의 세 가지 법칙이 옳음을 다시 증명하였다.

 쌍곡선

이제 하나 남은 원뿔곡선은 쌍곡선이다.

쌍곡선은 이름 그대로 곡선이 2개 있는 것을 말하는데, 아폴로니우스는 직원뿔을 밑면에 수직으로 잘랐을 때 생기는 곡선을 그 중 하나로 보았다(204쪽참조). 정확히 2개를 다 얻으려면 직원뿔의 꼭지점을 맞대놓고 밑면에 수직으로 자르면 된다.

쌍곡선은 '평면 위의 두 정점으로부터 거리의 차가 일정한 점의 자취'로 얻을 수 있다. 이 두 정점을 초점이라 한다.

쌍곡선의 방정식은 아래와 같은 두 가지 형태가 있다.

$$\frac{x^2}{a^2} - \frac{y^2}{b^2} = 1, \ \frac{x^2}{a^2} - \frac{y^2}{b^2} = -1$$

전자는 초점이 x축 위에 있을 때이고, 후자는 초점이 y축 위에 있을 때이다.

이것을 그림으로 나타내 보면, 곡선이 아닌 두 개의 직선이 있어 쌍곡선이 원점에서 멀어질수록 그 직선에 가까워지는 것을 볼 수 있다. 이것은 다른 원뿔곡선에는 없고 쌍곡선에만 존재하는 것으로 **점근선**이라 한다. 말 그대로 점점 가까워지는 선이

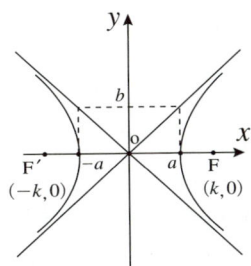

두 정점 F(k,0), F′($-k$,0)에서의 거리의 합이 2a(k〉a〉0)인 타원

$$\frac{x^2}{a^2} - \frac{y^2}{b^2} = 1 \quad (k^2 = a^2 + b^2)$$

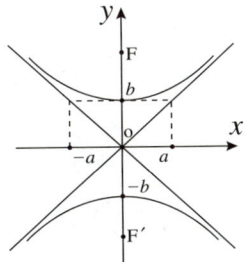

두 정점 F(0,k), F′(0,$-k$)에서의 거리의 합이 2b(k〉b〉0)인 타원

$$\frac{x^2}{a^2} - \frac{y^2}{b^2} = -1 \quad (k^2 = a^2 + b^2)$$

라는 뜻이다.

점근선의 방정식은 $y = \pm \dfrac{b}{a} x$이다.

두 가지 형태의 쌍곡선 식을 정리해 보면 $Ax^2 + By^2 + Cx + Dy + E = 0$(A,B는 서로 다른 부호)이 된다. 이것을 쌍곡선의 방정식의 일반형이라 한다.

쌍곡선은 곡선이 두 개이기 때문에 흔히 좋은 일과 나쁜 일을 대비시켜 말할 때 '희비의 쌍곡선'이라는 표현을 많이 쓴다.

그런 표현을 사용한 신문기사 두 개를 소개한다.

"눈 때문에" …… 희비 쌍곡선

폭설이 이어지면서 업계에도 희비가 엇갈리고 있다.

한파에 엄청난 눈이 쏟아지면서 약국과 가전업계 일부 제품, 배달업소 등은 반짝특수를 누리고 있으나 음식점이나 유통업계, 정비업소 등은 오히려 매상이 줄고 있다.

시중 약국의 경우 지난해 12월 중순부터 감기 환자가 증가하면서 찾는 사람이 부쩍 늘었다. 춘천 후평동 로터리 소재 S약국에는 하루 평균 100명 가까운 환자들이 찾으면서 덩달아 매출도 껑충 뛰었다. 가전업계의 경우 가습기가 가장 큰 인기를 누리면서 춘천 근화동 S대리점은 지난 7일 하루에 20대 이상이 팔려 공급 부족으로 회사측에 긴급 지원을 요청해 놓고 있다.

반면 일부 음식점은 이번 눈으로 손님들이 외출을 삼가면서 연초 모임 예약 취소가 잇따르자 궂은 날씨를 원망하고 있다. 하루에 최소한 10곳의 예약을 받던 D음식점은 지난 이틀간 3곳의 단골손님만 받은 상태.

또 대형 유통 매장들도 눈으로 교통 불편이 지속되면서 코트나 목도리 등

일부 품목을 제외하고 주부들의 쇼핑이 줄면서 매출이 떨어지자 "이러다 설 대목 경기까지 망치는 것 아니냐"며 우려하고 있다. 이에 비해 동네 슈퍼나 아파트 인근 마트 등은 매출이 증가해 대조를 보이고 있다.

이와 함께 눈이 오면 내심 좋아할 듯한 정비업소 등도 예년에 비해 눈이 반갑지만은 않은 모습이다. 이는 폭설로 자가용 이용률이 떨어져 예년의 '눈특수'가 나타나고 있지 않다는 것이다. —『강원도민일보』2001. 1. 10.

사령탑들 '얄궂은 운명' …… 하겠다는 사람 자르고, 떠나는 사람 잡고

2002 한·일 월드컵이 후반으로 접어들면서 각 대표팀 감독들의 운명도 희비 쌍곡선을 그리고 있다. 16강과 8강 티켓을 따낸 후 "내친 김에 우승까지 간다"며 전의를 불태우고 있는 사령탑들이 있는가 하면, 조별 리그와 16강전에서 탈락하는 바람에 쓸쓸히 본국으로 돌아가야 하는 이들도 있다. 게다가 이번 월드컵에서 활약상이 돋보인 명장들에게는 각팀에서 "러브콜"이 쏟아지는 한편, 그렇지 못한 감독들은 오갈 데조차 없어진 절박한 상황이다. 그러나 개중에는 부진한 성적에도 불구하고 떠나려는 소매를 붙잡히는 "행복한" 사령탑도 더러 있다.

■자리가 뒤숭숭한 사령탑들: '아트 사커' 군단의 명성을 참담히 무너뜨린 프랑스의 로제 르메르 감독은 이번 월드컵대회에서 가장 체면을 구긴 인물이다.

〈중략〉

■행복한 비명을 지르는 사령탑들: 이번 월드컵 최대 이변으로 꼽히는 세네갈의 8강을 이끌어낸 브루노 메추 감독. 요즘 그만큼 신나는 사람도 없을 듯하다. 메추 감독은 세네갈팀을 맡기 전 10년 동안 무려 5팀을 기웃거려야 할 정도로 이류 인생을 살았지만 지금은 세네갈 돌풍으로 유럽 빅리그가 군침을 흘릴 만한 일류 감독으로 부상하고 있다.

공동 개최국인 한국과 일본의 양 사령탑들도 '사상 최초 16강 진출'이라는 대업을 달성하면서 쏟아지는 찬사와 러브콜에 즐거운 비명을 내지르고 있다.

이상에서 우리는 직원뿔을 잘라 만들 수 있는 네 가지 원뿔곡선의 방정식에 대해 알아보았다. 그런데 이들의 일반형 사이에는 유사한 점이 있고 이것은 하나의 식으로 정리가 된다.

x, y에 관한 이차식,

$$Ax^2 + By^2 + Cx + Dy + E = 0$$에서(xy항이 없는 것에 유의!)

원은 $A = B$인 경우이고,

포물선은 $B = 0$이고 $AD \neq 0$이거나, $A = 0$이고 $BC \neq 0$,

타원은 A, B가 서로 같은 부호, 즉 $AB > 0 (A \neq B)$일 때이고,

쌍곡선은 A, B가 서로 다른 부호, 즉 $AB < 0$일 때이다.

한 원뿔에서 나올 수 있는 네 가지 도형을 좌표평면에서의 방정식으로 표시할 때도 하나의 공통된 식으로 정리될 수 있다는 사실은 매우 신기하고 흥미롭다.

2) 원뿔곡선의 이용

고대의 메나이크모스나 아폴로니우스가 단지 수학적 흥미로

연구하였던 원뿔곡선은 중세에 와서 방정식으로 나타낼 수 있게 되었다. 단순히 도형이 가지는 성질만을 알고 있던 것에서 정확한 수치를 계산해낼 수 있게 된 이 변화는 무언가 새로운 것을 예고하고 있었다.

포물선의 경우를 보자.

그리스 수학자들에게는 '파라볼라'였던 것을 갈릴레이가 물체를 위로 던졌을 때 생기는 포물선으로 밝혔다는 것은 앞에서 언급했다. 그럼 그 성질은 어디에 이용될까?

먼저 대포를 쏘는 경우를 생각해 보자.

총구가 지면과 이루는 각도에 따라 포탄이 날아가는 경로와 땅에 떨어지는 지점이 다르겠지만 그 모양이 포물선이라는 사실에는 변함이 없다.

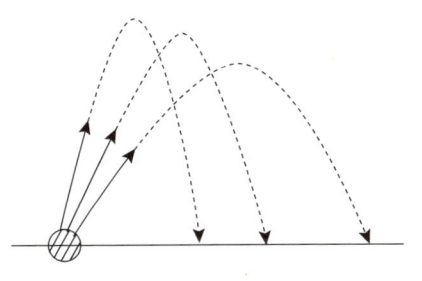

만약 무턱대고 대포를 쏜다면 명중률도 낮고 포탄의 낭비도 심할 것이다. 하지만 쏘는 각도에 따라 얼마나 멀리 나가는지를 알고 있다면 적의 위치를 향해서 좀더 정확히 대포를 쏠 수 있다. 그러나 포탄은 책상 위에서 계산한 궤도대로 정확히 날아가지 않을 수도 있다. 그 수치는 이론적인 것일 뿐, 실제로는 중력, 기압, 바람의 속도와 방향 등에 영향을 받기 때문이다. 오늘날에는 이와 같은 것까지도 계산에 넣어서 포를 정확히 쏠 수 있을 만큼 기술이 발달하였다.

그러므로 포병대에는 대포를 잘 다루는 사람만이 아니라 수학을 잘 아는 (물론 그것의 응용 분야인 물리에 대해서도 잘 아는) 군인이 필요한 것이다.

또 포물선의 초점(F)에 전구를 놓고 불을 켜면 포물선의 면에 부딪힌 빛들은 모두 축(초점과 꼭지점을 연결한 직선)에 평행하게 나간다. 반대로 외부에서 들어오는 빛은 포물선의 면에 부딪힌 뒤 모두 초점으로 모이는 성질이 있다.

이 성질은 실제로 어디에 이용될까?

손전등을 한번 살펴보자. 그 불빛은 옆으로 흩어지지 않고 곧장 앞으로 뻗어나가기 때문에 빛이 멀리까지 간다. 왜 그럴까? 손전등의 앞부분을 열어 보면 빛을 모으는 하얀 판이 포물선 모

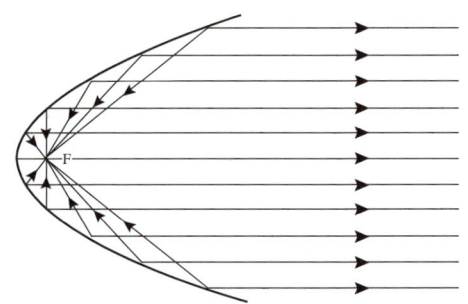

양인 것을 알 수 있다. 그리고 꼬마 전구가 놓여 있는 위치가 바로 그 포물선의 초점이다.

그런 예는 또 있다. 공부할 때 켜는 스탠드의 갓은 모두 포물선 모양이다. 그러므로 빛이 직선으로만 뻗어나가 좁은 면적을 밝게 해준다. 자동차의 헤드라이트도 마찬가지다.

초등학교 자연 시간에 흔히 사용하는 돋보기는 적당히 움직여 햇빛을 모으면 바닥에 놓인 종이를 태운다. 그 돋보기의 면이 바로 포물선이고, 태우고자 하는 부분이 그 포물선의 초점과 일치했을 때 불이 붙는 것이다.

그리고 아파트 단지나 일반 주택에 설치되어 있는 커다란 '파라볼라 안테나'는 '파라볼라(parabola)'가 '포물선'을 의미하기 때문에 붙여진 이름이다. 즉 파라볼라 안테나의 면은 포물선으로 되어 있어서 여러 방향에서 흩어져 오는 전파가 그 면에 부딪히면 초점에 해당하는 한 점으로 모이게 된다.

그 외에 무대 공연 때 쓰는 스포트라이트나 쇼윈도를 장식하는 멋진 빛들도 모두 이 성질을 이용한 것이다.

이처럼 포물선의 원리는 실생활에 참으로 다양하게 이용된다. 이것들은 모두 단순히 그 성질을 아는 것을 넘어 정확한 위치와 크기를 계산해 냄으로써 가능한 일이며, 그 일을 해결해 준 것이 바로 데카르트가 창안한 해석기하학이다.

타원의 초점도 비슷한 기능을 가지고 있다. 타원은 초점이 두 개인데 그 중 하나에 전구를 놓으면 그 곳에서 나온 빛이 타원의 면에 반사되어 다시 초점으로 모인다.

빛뿐 아니라 소리도 같은 원리로 움직인다. 예를 들어, 타원 모양의 방이 있다고 가정할 때 두 초점 중 어느 하나의 위치에 용의자로 지목된 사람들이 밀담을 나누고 있다면, 형사는 또 다른 초점의 위치에 앉아서도 그들의 말을 다 들을 수 있을 것이다.

쌍곡선에서는 하나의 초점(F)에 광원을 놓으면 거기에서 나온

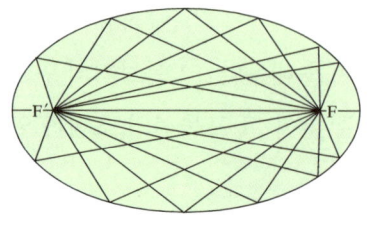

모든 빛은 다른 초점(F′)에서 나오는 것처럼 반사되어 나간다.

지금까지 우리는 원뿔곡선의 간단한 성질과 그 이용에 대하여 알아보았다. 이는 해석기하학이 탄생함으로써 달라진 수학의 한 부분을 소개한 것일 뿐이다. 실제로 이후의 수학자들은 곡선의 방정식과 함수 관계를 이용하여 새로운 것들을 알아냄으로써 자연의 비밀을 서서히 밝혀냈고, 인간은 결국 자연을 정복하고 우주로까지 뻗어나갈 수 있게 되었다.

수학을 공부하다 보면 '이렇게 어렵고 복잡한 것들을 꼭 알아

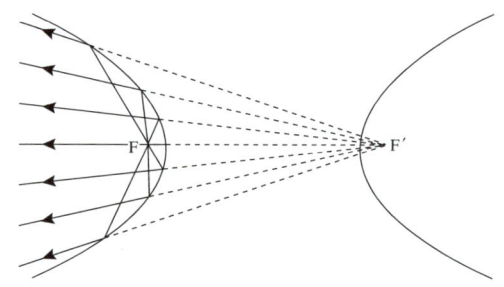

야 하나' 하는 생각이 들 때도 있을 것이다. 그러나 그 모든 것이 우리 조상들이 온갖 고생을 해가며 얻어낸 소중한 인류의 문화유산이고, 그 덕분에 우리가 편리한 생활을 할 수 있게 되었음을 떠올린다면 수학을 좀더 재미있게 공부할 수 있지 않을까?

청소년의 책 디딤돌 11

수학은 아름다워 1 (개정판)

초 판 1쇄 펴낸날 1990년 12월 30일
개정판 1쇄 펴낸날 2002년 9월 10일
개정판 30쇄 펴낸날 2021년 2월 10일

지은이 육인선·심유미·남상이
그린이 박향미
펴낸이 이건복
펴낸곳 도서출판 동녘

등록 제311-1980-01호 1980년 3월 25일
주소 (10881) 경기도 파주시 회동길 77-26
전화 영업 031-955-3000 편집 031-955-3005 **전송** 031-955-3009
블로그 www.dongnyok.com **전자우편** editor@dongnyok.com
인쇄·제본 영신사 **종이** 한서지업사

ⓒ육인선·심유미·남상이, 2002
ISBN 978-89-7297-529-8 (03410)
      978-89-7297-528-1 (세트)